DELIUS KLASING

Thomas Fuths

TIGUAN

Allroader für alle

DELIUS KLASING VERLAG

STARSCHNITT: DER TIGUAN MACHT KARRIERE

Es gibt Stimmen, die behaupten, der Erfolg des Tiguan sei einfach nur ein typisches VW-Phänomen: Erst wartet Volkswagen ab, ob sich ein Marktsegment gut entwickelt, dann bringt Wolfsburg ein eigenes Modell und ist - aus dem Stand - gleich ganz oben in der Verkaufsstatistik.

Doch beim Shootingstar Tiguan steckt weitaus mehr dahinter als nur die Aura und das Know-how der erfolgreichsten Automobil-Marke Europas. Der Tiguan schafft vielmehr die ideale Synthese: Er ist extrem attraktiv gestylt, denn sein Design übertreibt niemals die bei anderen Geländewagen häufig festgestellte Macho-Attitüde. Doch zu soft geraten ist auch er nicht. Im Gegenteil: Seine Optik signalisiert Selbstbewusstsein.

Das Blechkleid passt also perfekt. Doch das allein macht noch keinen Serienstar. So optimal der Tiguan Schönheit mit Kraft kombiniert, so gut ergänzen sich in seinem Auftreten Muskeln und Manieren. Denn auch das technische Paket, das Innenraum-Konzept, der Allrad-Antrieb sind fein austariert.

Innovative Technik trifft auf klassische VW-Werte. Hier die Parkautomatik, dort die sparsamen TDI- und TSI-Motoren. Hier die modernste Ausprägung des Allradkonzepts 4MOTION, dort die berühmte Logik der Instrumententafel und die extrem hohe Verarbeitungsqualität des Interieurs.

So kommt im Tiguan zusammen, was bei einem Cross-Over-Modell, das sich souverän zwischen Asphalt und Outback bewegt, eigentlich Pflicht sein sollte: höchste technische Kompetenz gepaart mit beeindruckendem Design und gute Verarbeitung plus modernste Technologie.

Wenn solch gute Gene dann noch das VW-Zeichen im Kühler tragen, dann ist es fast schon selbstverständlich, dass ein Modell wie der Tiguan schnell zum Erfolgswagen wird.

Was genau der Tiguan alles kann, wie aufwendig seine Entwicklung war – inklusive der spektakulären Studien Concept T und Concept A – und wie man dank Heidi Klum und Seal den Wagen über Nacht populär machte, lesen Sie auf den kommenden Seiten. Wichtige Infos zum Thema Zugfahrzeug Tiguan finden sich dabei ebenso wie Wissenswertes zur kommenden Sportvariante R-Line.

Dieses erste Tiguan-Buch soll neben allen Fakten aber vor allem eines: Spaß machen, die Freude oder Vorfreude auf ein Auto wecken, das schon heute der Maßstab seiner Klasse ist.

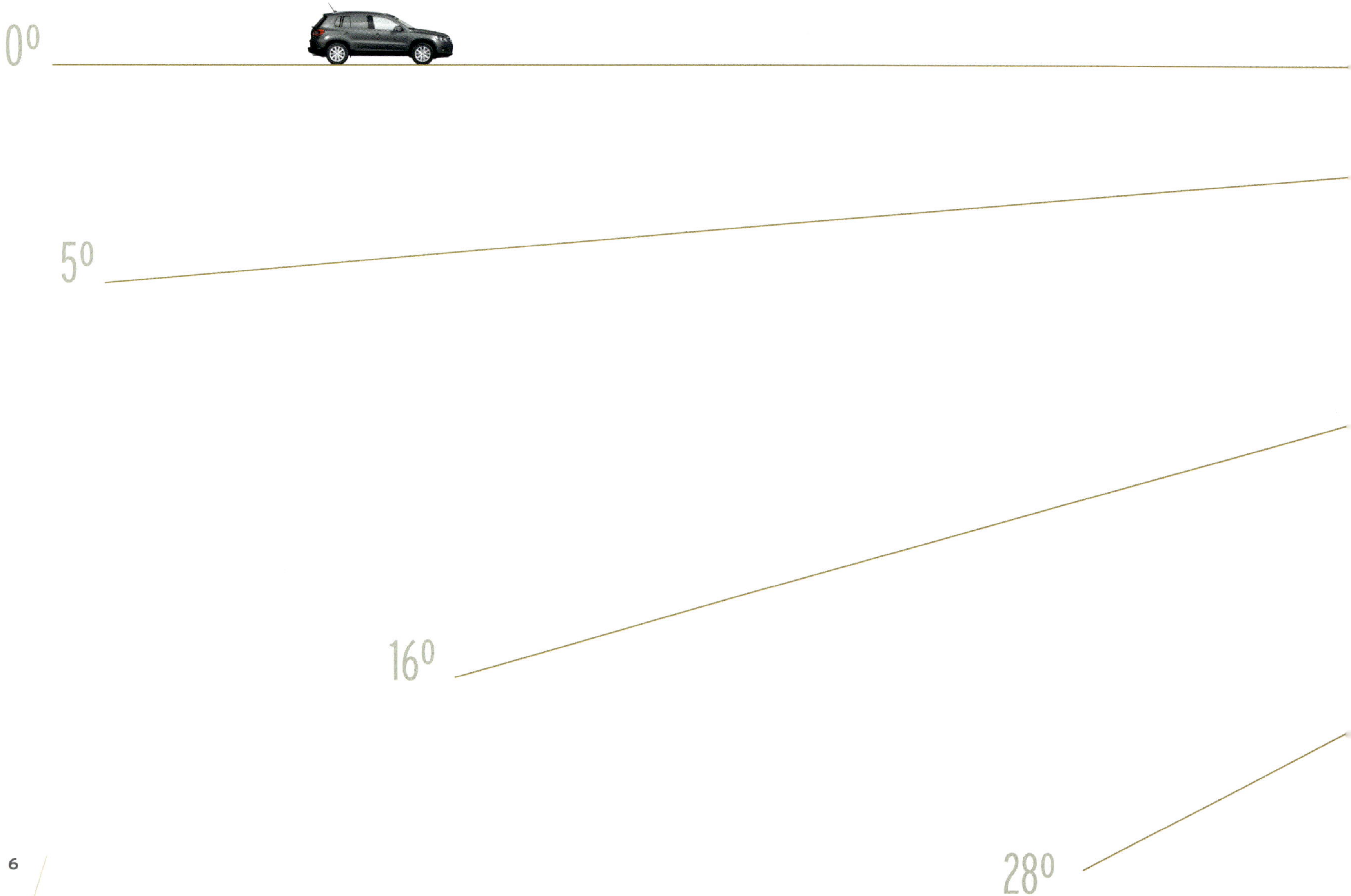
0°
5°
16°
28°

Vom komfortablen Highspeed-Track direkt
auf die anspruchsvolle Offroad-Piste. Dort packt der Tiguan
bis zu 95 Prozent Steigung, also fast 45 Grad.

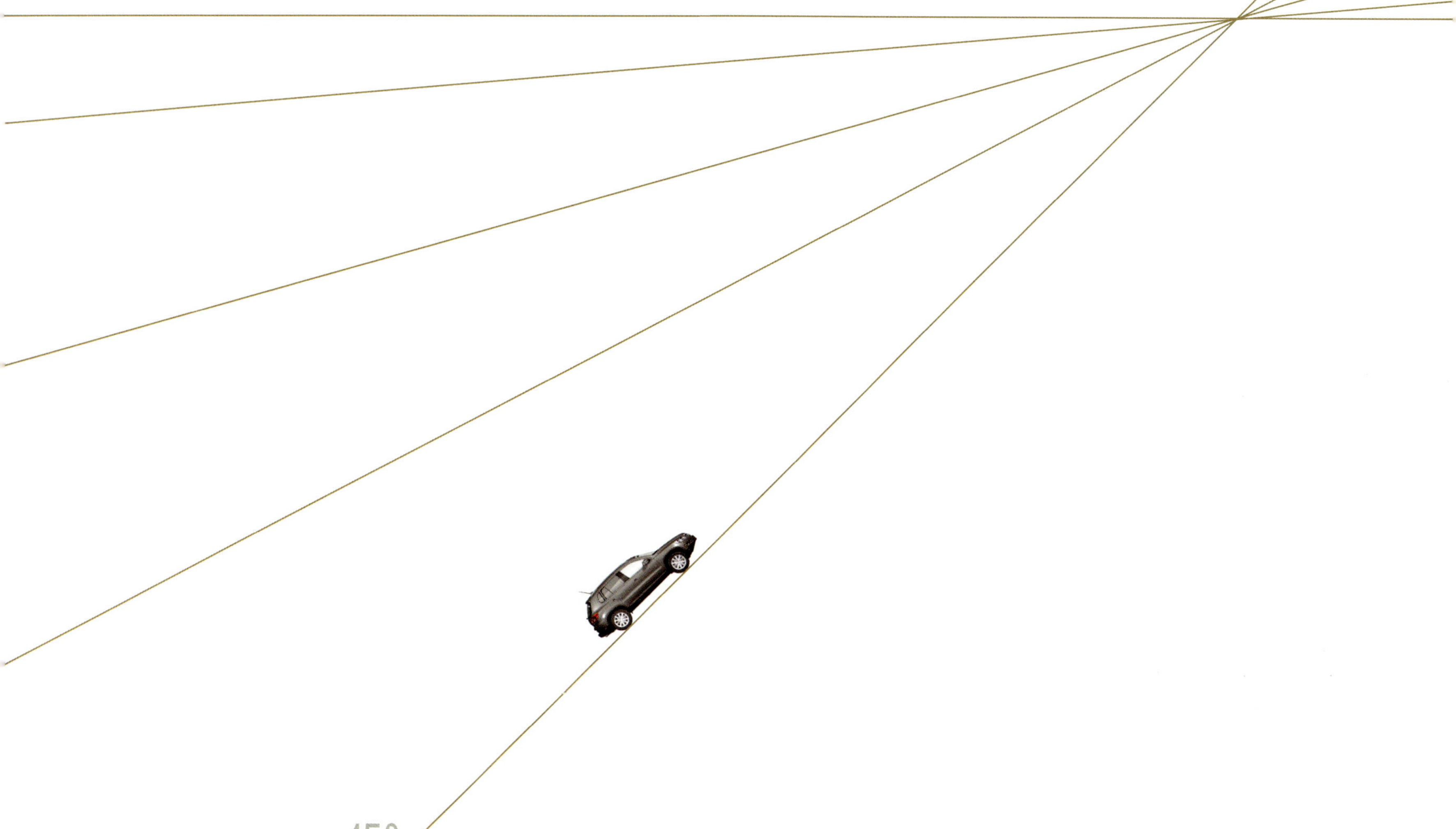

45°

Spezialisten für Piste und Straße. Der Track & Field schafft dank Unterfahrschutz Böschungswinkel bis 28 Grad, 18 Grad der Sport & Style.

TIGUAN. EIN AUTO, ZWEI WELTEN

TIGUAN. FORMEL FÜR FAHRSPASS

Egal in welcher Version – der Tiguan liegt satt auf der Straße. Schon das Basismodell Trend & Fun ist ein echter Alleskönner, dem die Straße liegt, der aber durchaus auch im Gelände seine Muskeln zeigen kann.

TIGUAN. FÜR ALLE FÄLLE

Sein Design hebt ihn ab, doch was zählt das im Alltag? Egal ob Großeinkauf, Familienausflug oder Urlaubsreise: Er muss alles klaglos schlucken. Und macht dabei sogar noch eine gute Figur.

TIGUAN

Die Welt ist ein großer Spielplatz, eine schöne Herausforderung. Man fährt ins Abenteuer und kehrt zurück mit einer Flut neuer Bilder im Kopf. Einzig Tankstellen hat man mit dem TDI-Motor nicht allzu viele gesehen.

TIGUAN. ZUHAUSE IN DER WELT
WOB VA 955

WOB ST 71

Der Sport & Style bringt mit Chrompaket und sportlichem Interieur besonderen Glanz in die Baureihe und zeigt sich so von wirklich allen guten Seiten.

TIGUAN. FORMEL FÜR FASZINATION

TIG

IM DETAIL

UAN

EINER FÜR ALLES

Der Volkswagen Tiguan erzählt uns eine wahre Erfolgsstory. Kein Wunder bei dem Format, das er verkörpert. Ein attraktives SUV in den Dimensionen eines kompakten Pkw, perfekt auf Asphalt und souverän im Gelände. Als idealer Begleiter für Familie, Fracht und Freizeit fährt er mit seiner Palette von sparsamen, umweltgerechten Motoren sicher in die Zukunft.

September 2007. IAA Frankfurt. Das automobile Event des Jahres - und der adäquate Rahmen, um den neuen Tiguan von Volkswagen ins Rampenlicht zu rücken. Der »kleine Bruder« des Touareg, wie er durchaus respektvoll genannt wird, empfiehlt sich all jenen, die mit der individuellen Optik und Vielseitigkeit eines erfreulich kompakten SUV (Sport Utility Vehicle) ihren Traum von der Mobilität auch abseits genormter Straßen leben wollen. Gleichzeitig bietet der Tiguan ein Höchstmaß an Komfort, Agilität und Variabilität für das automobile Alltagsleben auf Asphalt. In Verbindung mit effizienten, umweltschonenden und allesamt aufgeladenen Motoren setzt sein Fahrwerk in der Welt der SUV mit seinen dynamischen Eigenschaften und dem hohen Niveau an aktiver Sicherheit neue Standards.

Neu ist auch die Nomenklatur des Tiguan in der Welt der Volkswagen-Modelle. Wir reden also nicht, wie sonst üblich, von Trend-, Comfort- oder Highline. Die Tiguan Trend & Fun, Sport & Style sowie Track & Field sprechen vielmehr die Nutzerwünsche ihrer künftigen Besitzer schon durch die Modellbezeichnung noch unmittelbarer an und definieren mit zwei unterschiedlichen Karosserievarianten zugleich verschiedene technische Umfänge, die vom besonderen Einsatzzweck diktiert werden.

- Die Trend & Fun und Sport & Style zielen auf den überwiegenden Onroad-Einsatz. Gleichwohl scheuen auch diese Tiguan weder Geländefahrten noch hohe Anhängelasten. Dennoch: Den harten Geländeeinsatz meistert noch souveräner der Tiguan Track & Field mit seiner speziell gestalteten Front. Serienmäßig verfügt diese Variante zudem über einen neu entwickelten Offroad-Modus, der auf Knopfdruck einen

WOB TI 333

Robustheit und Eleganz prägen gleichermaßen das äußere Erscheinungsbild des Tiguan und verweisen so auf dessen besondere Funktionalität.

FORM FOLLOWS FUNCTION
WOB TI 333
TSI

ganzen Verbund von Assistenzsystemen weckt, um Fahrten im Gelände besonders sicher zu machen.

• Permanenter Allradantrieb ist im Gelände eigentlich unabdingbar, weshalb der Tiguan als vollwertiges SUV vorläufig auch nicht als Fronttriebler angeboten wird. Auf asphaltierten Straßen verbessert ein intelligenter Allradantrieb darüber hinaus die aktive Sicherheit. Im Tiguan kommt die neueste Generation des Allradantriebs 4MOTION zum Einsatz.

• Eine absolute Premiere: die Motorisierungen des Tiguan. Denn der kommt als erstes SUV der Welt mit ausschließlich aufgeladenen Vierventil-Motoren. Beispiel Benziner: Drei neue TSI-Direkteinspritzer mit Turbo- respektive plus Kompressoraufladung stehen bereit. Die Vierzylinder leisten 110 kW (150 PS), 125 kW (170 PS) und 147 kW (200 PS). Beispiel Diesel: Hier kommt eine komplett neu entwickelte Generation auffallend leiser Common-Rail-Vierzylinder zum Einsatz. Die zwei TDI bringen 103 kW (140 PS) und 125 kW (170 PS) auf die Straße.

• Dieser Tiguan erweist sich aber auch mit seinem multivariablen und sehr geräumigen Interieur als Allroundtalent. So ist beispielsweise die geteilte Rücksitzbank um 16 Zentimeter in Längsrichtung verschiebbar und die Rücksitzlehne vielfach in der Neigung verstellbar. Beim Tiguan Sport & Style sowie Track & Field lässt sich der Beifahrersitz zudem serienmäßig umklappen, um lange Gegenstände transportieren zu können. Und mit bis zu 1510 Litern Kofferraumvolumen zeigt der Tiguan in allen Versionen regelrechte Van-Qualitäten.

• Maßstäbe setzt der neue Tiguan auch bei so manchem Extra. Erstmals an Bord eines SUV ist der Park Assist, der den Tiguan nahezu automatisch in Parklücken dirigiert. Wahrlich wegweisend sind die neuen Touchscreen-Radio- und Navigationssysteme wie etwa das Topmodell RNS 510 mit Offroad-Navigationsmodus. Souveränität zeigt der Tiguan auch in Sachen Anhängelast: Maximal 2200 Kilogramm nimmt der Tiguan bei Bedarf an die neue, schwenkbare Anhängerkupplung. Für die Track & Field-Versionen – mit Ausnahme der Basismotorisierung – sind es sogar bis zu 2500 Kilo, und damit belegt dieses SUV den Spitzenplatz in seinem Segment. So viel in aller Kürze. Gehen wir also in die Details.

Das Fahrwerk des Tiguan. McPherson-Vorderachse und Vierlenker-Hinterachse samt integrierter Haldex-Kupplung.

Design & Dimensionen

Vor allem ist der Tiguan natürlich ein typischer, vertrauter, sympathischer Volkswagen. Dennoch ist alles neu, alles anders. Der Kühlergrill wurde weiterentwickelt und deutlich reduzierter als etwa bei einem Passat des Jahrgangs 2007 ausgeführt. Prägnant wirken die Scheinwerfer, die mit dem Grill und Stoßfänger eine schlüssige Einheit bilden. Breit und kraftvoll geformt ist der Stoßfänger unter den Scheinwerfern mit großem Frontspoiler und entsprechenden Lufteinlässen für die Modelle Trend & Fun sowie Sport & Style. Seitlich integriert bildet das Oval, in dem Platz für die optionalen Nebelscheinwerfer ist, in einem eigenen Rahmen den Abschluss. Der eigentliche Charakter der Frontpartie entsteht allerdings erst durch das Zusammenspiel aller Designmerkmale. Und dabei zeigt der 4,43 Meter lange, 1,81 Meter breite und 1,69 Meter hohe Tiguan eine erfreuliche Klarheit der Formen und Proportionen.

Eine Sonderstellung nimmt die eigens für den kompromisslosen Geländeeinsatz entwickelte Frontpartie des auch um drei Zentimeter längeren Tiguan Track & Field ein. Der verfügt nämlich anstelle des großen Spoilers über einen markant schräg integrierten Triebwerksunterschutz, der die Linie zwischen den Reifen bis hoch zum Kühlergrill aufnimmt. Dadurch vergrößert sich der Böschungswinkel von 18 auf 28 Grad. Dieser Parameter bestimmt den maximalen Winkel zwischen dem Punkt der Reifenaufstandsfläche in der Horizontalen und der Fahrzeugfront, ohne dass der Wagen mit der Karosserie vorn aufsetzt.

Bei allen Modellen identisch: die Bodenfreiheit mit 195 Millimeter, der hintere Böschungswinkel von 25 Grad und der sogenannte Rampenwinkel zwischen beiden Achsen von 20 Grad. Der Rampenwinkel definiert sich dabei als der Winkel, bis zu dem ein Fahrzeug mit langsamer Geschwindigkeit über eine Rampe fahren kann, ohne dass es mit dem Unterboden auf der Rampenkante aufsetzt.

Von der Seite betrachtet, existiert bis auf die kleinen VW-Zeichen in den Felgen kein Logo, das den Tiguan als Volkswagen »verrät«. Und doch ist er auf den ersten Blick als Volkswagen auszumachen. Unverwechselbar die C-Säule, die seit den Urzeiten des ersten Golf ein markantes, VW-typisches Designmerkmal darstellt. Klarheit und Kraft formen sehr eigenständige Radläufe, markante Tür- und Kotflügelflächen sowie die nach hinten ansteigende Fensterlinie – beim Tiguan Sport & Style zusätzlich durch Chromleisten an der Kontur der Fenster akzentuiert. Jedes Detail folgt dabei einer Logik der Form, die das Ganze verbindet. Der Tiguan zeigt so die gleiche optische Präsenz wie der Touareg.

Ebenso typisch für Volkswagen ist das Design der Heckpartie. Und doch gilt auch hier: Alles ist ein wenig anders. Charakteristisch die Rückleuchten, die im Grundaufbau dem Eos und dem Passat Variant folgen und damit Teil der kraftvollen Schulterpartie sind. Anders, weil das Gesamtdesign neue Wege geht. Die steile Heckklappe reicht bis weit in den Stoßfänger hinein und ist Bestandteil eines Designs, das klassische, pure Geländewagen-Elemente mit zeitgemäßen urbanen Formen verbindet. Im Hinblick auf die Widerstandsfähigkeit beim Offroad-Einsatz ist das tiefste Segment des Stoßfängers analog zur Frontpartie in keiner Ausstattungsversion mit Ausnahme der Sonderserie R-Line lackiert.

Sowohl der Track & Field als auch der Sport & Style bieten serienmäßig eine optisch eher unauffällige und sich entsprechend harmonisch in die Linienführung einfügende Dachreling. Für

AN 14:15
36 min
22.5 °C
1017
0.0
1/min x 1000

ARMATUREN, DIE KEINE FRAGEN AUFWERFEN

Die optisch wie haptisch hochwertige Armaturentafel des Tiguan erinnert in Design und Anordnung durchaus an den Golf Plus in der schicken Cross-Version.

TIGU

ELEGANZ MIT KREIS UND TRAPEZ

Die Durchdringung von Kreis und Trapez folgt der Logik des VW-Designs schon seit Eos und Passat. Auch dem Tiguan verleihen die Leuchten besonderen Ausdruck.

Der Innenraum bietet vorbildliche Variabilität. Legt man die Rückbank um, packt der Tiguan 1510 Liter.

den Trend & Fun ist sie optional zu haben, beim Sport & Style als Teil des serienmäßigen Chrompaketes nicht schwarz matt, sondern silbern eloxiert. Praktischer Nutzen: Sie eignet sich hervorragend zur kinderleichten Montage spezieller Trägersysteme und kann Lasten von bis zu 75 Kilogramm aufnehmen. Weitaus größere Transportaufgaben lassen sich mit der schwenkbaren Anhängevorrichtung bewältigen, die bei Nichtgebrauch vollends hinter der Verblendung des Stoßfängers verschwindet und somit für die Designlinie des Tiguan keinen Störfaktor darstellt.

Komfort & Sicherheit

Die Basis für das ausgewogene Komfortverhalten des neuen Tiguan bildet die hohe Karosseriesteifigkeit. Eine Differenzierung nach statischen, dynamischen und lokalen Größenordnungen erlaubt dabei eine qualitative Klassifizierung. Die sogenannte statische Steifigkeit ist einerseits im Hinblick auf die passive Sicherheit ein wesentlicher Kennwert. Gleichzeitig aber wirkt sie sich unmittelbar auf den Fahrkomfort aus. Mit 34 000 Nm pro Grad für die statische Torsionssteifigkeit – als Maßzahl für die Widerstandsfähigkeit einer Karosserie gegen Verdrehung um die Längsachse – belegt der neue Tiguan eine Spitzenposition.

Eine möglichst hohe dynamische Steifigkeit ist dagegen eine wesentliche Voraussetzung für eine gute Fahrdynamik, einen optimalen Schwingungskomfort und eine ausgewogene Akustik. Der Tiguan erreicht hier mit 45 Hz für die sogenannte Torsionseigenfrequenz und 52 Hz für die Biegeeigenfrequenz ebenfalls Höchstwerte.

Klar, dass die Konstruktion der Karosserie auch unmittelbare Auswirkungen auf die passive Sicherheit hat, sowohl was die Passagiere als auch etwa außerhalb des Fahrzeugs befindliche Unfallbeteiligte betrifft. Die Grundlage dafür bilden die stabile Fahrgastzelle, rundum Energie aufnehmende Deformationszonen und darauf abgestimmte Schutzsysteme wie die sechs serienmäßigen Airbags, nämlich vorn, in den Seitenlehnen der vorderen Sitze und im seitlichen Kopfbereich des gesamten Innenraums sowie die zusätzlich bestellbaren Seitenairbags und Gurtstraffer für die äußeren Rücksitze. Maßnahmen, die allesamt dazu führen, dass der Tiguan in Sachen Sicherheit einen Spitzenplatz in der Kategorie der SUV einnimmt.

Mehr zur Fünf-Sterne-Auszeichnung, die der Tiguan dafür bekommen hat, ein paar Seiten weiter in diesem Buch. An dieser Stelle nur so viel: Der Tiguan begnügt sich nicht mit der optimalen Minderung der Unfallfolgen nach einem Crash, sondern verfügt serienmäßig über das elektronische Stabilisierungsprogramm ESP, jene wirkungsvolle Anti-Schleuder-Elektronik, die Unfälle schon im Ansatz zu verhindern hilft und die im Falle des Tiguan mit der sogenannten Roll-Over-Prevention (ROP) im ESP noch eine Sonderfunktion integriert. Speziell für Fahrzeuge mit höherer Schwerpunktlage soll ROP kippgefährliche Fahrsituationen vermeiden, indem es das Abheben der kurveninneren Räder verhindert. Mittels der üblichen ESP-Sensoren für Gierrate, Querbeschleunigung, Lenkwinkel und Raddrehzahl wird eine kippkritische Fahrsituation erkannt und durch einen speziellen, vom Fahrer nicht beeinflussbaren ESP-ROP-Bremseneingriff entschärft. Der ähnelt dem ESP-Übersteuereingriff hauptsächlich am kurvenäußeren Vorderrad, allerdings wird er frühzeitiger, mit höherer Druckdynamik und sehr hoher Radverzögerung ausgeführt.

NUTZWERT GROSS GESCHRIEBEN

KOMFORT IST PROGRAMM

Für die Bequemlichkeit der Passagiere zieht der Tiguan alle Register. Vom Ledersitz bis zum Multimedia-Navisystem bietet die Extraliste einfach alles.

ESP ist den Maßnahmen zur aktiven Sicherheit zuzurechnen und steht, was die Wirksamkeit der Prävention und Minderung von Unfallfolgen angeht, in der Bewertungsskala an zweiter Stelle hinter dem klassischen Sicherheitsgurt – noch vor den offensichtlich viel spektakuläreren Airbags.

Der Tiguan-Innenraum unterstreicht den Nutzen der VW-Modulstrategie. Armaturen vom Golf Plus, Handbremse vom Passat – ein perfekter Mix.

Doch man sitzt nicht nur sicher im Tiguan, sondern auch außerordentlich gut dank seines betont geräumigen und bedienungsfreundlichen Innenraums. Beispiel Ergonomie: Die optisch und haptisch hochwertigen Armaturen, die in Design und Anordnung durchaus an den aktuellen Golf Plus erinnern, sind übersichtlich aufgebaut; alle Elemente befinden sich dort, wo sie intuitiv erwartet werden. Innerhalb der Instrumententafel wurde ganz oben und damit optimal im Blickfeld für Fahrer und Beifahrer die neue Generation der Radios (RCD) und Radio-Navigationssysteme (RNS) integriert. Hauptfunktionen werden hier via Tasten und Drehregler gesteuert, Unterfunktionen dagegen bei den Topgeräten über einen Touchscreen. Links und rechts neben dem Audiosystem sind jeweils zwei Lüftungsdüsen angeordnet. Die gesamte Einheit wird von einer hochwertigen Applikation in Edelstahloptik umschlossen.

In der Ebene darunter befindet sich die Regelung der serienmäßigen Klimaanlage (»Climatic«). Ebenfalls ergonomisch gut erreichbar angeordnet sind die Schalter für die serienmäßig lieferbaren elektrischen Fensterheber und die elektrische Außenspiegelverstellung im oberen Bereich der Fahrertür. An letzterem Beispiel mag man auch die Eigenständigkeit des Tiguan erkennen, selbst wenn er sich in vielem aus Volkswagens großem Modulbaukasten bedient. Die Türverkleidung setzt da mit ihrer trapezförmig geschwungenen Grundform völlig eigenständige Akzente. Praktischerweise ist in den großen Ablagetaschen sogar Platz für 1,5-Liter-Flaschen. Und auch die Taste in der Mittelkonsole zur Betätigung der elektromechanischen Parkbremse beweist, dass der Tiguan eben kein reiner Golf-Ableger ist, sondern sich nur wesentlicher Module dieses Modells bedient. Mit der Parkbremse – und nicht nur mit der – steht dieses kompakte SUV zum Beispiel dem Passat näher.

Die Sitzanlage des Tiguan gibt es je nach Ausstattungslinie in drei Konfigurationen. Der Tiguan Trend & Fun wird mit den sogenannten »Normalsitzen« ausgeliefert, die bereits sehr guten Langstreckenkomfort und auf der Fahrerseite eine Höheneinstellung bieten. Darüber rangiert die Ausstattungslinie Sport & Style. Hier kommen – nomen est omen – »Sportsitze« mit Alcantara-Applikationen und integrierter Lordoseneinstellung zum Einsatz. In Verbindung mit dem im Sport & Style klappbaren Beifahrersitz haben im Tiguan bis zu 2,5 Meter lange Gegenstände Platz. Der Tiguan Track & Field ist mit »Komfortsitzen« ausgestattet, die ebenfalls eine einstellbare Lordosenstütze und die Klappmöglichkeit der Beifahrersitzlehne bieten.

Darüber hinaus gilt: Auch im Fond des Tiguan reisen Passagiere sehr komfortabel, da die zweite Sitzreihe gegenüber der ersten ein leicht erhöhtes Niveau aufweist und damit eine ebenso aufrechte wie bequeme Sitzposition ermöglicht. Für alle Modelle ist die Rücksitzbank im Verhältnis 60:40 teilbar; der mittlere Lehnenbereich lässt sich auch separat herunterklappen und kann so als Mittelarmlehne, Getränkehalter oder auch Durchreiche genutzt werden. Unabhängig davon erlauben die Rücksitzlehnen eine Verstellbarkeit in einem Neigungsbereich von 23 Grad. Die einzelnen Sitzelemente können zudem in Längsrichtung um 16 Zentimeter verschoben werden.

Durch diese Variabilität lässt sich der Standard-Gepäckraum hinter den Rücksitzen insbesondere an erhöhte Transportanforderungen anpassen. Die Längsverstellung der Rückbank ermöglicht schon etwa 100 Liter zusätzliches Volumen, und ein Aufrichten der Lehne schafft nochmals Platz für rund 30 Liter. 600 Liter anstelle der minimal angegebenen 470 Liter nach ISO-Messmethode sind so auch dann noch erzielbar, wenn der Tiguan als 5-Sitzer genutzt werden soll – bei allerdings eingeschränktem Knieraum. Bei einer Teilbelegung kann durch die asymmetrisch teilbare Sitzbank die Ladekapazität weiter variiert werden. Für größere und sperrige Transportumfänge lässt sich der rechte, linke oder mittlere Teil der Lehne individuell umklappen, im Übrigen, ohne dass die Kopfstützen dazu demontiert werden müssen. Das Ladevolumen ist derart bis auf den Maximalwert von 1510 Liter erweiterbar. So rückt der Tiguan in die Nähe waschechter Mittelklassekombis mit bis zu 650 Kilogramm Zuladung, von denen allerdings das Gewicht des Fahrers noch zu subtrahieren wäre.

Einfach mustergültig: die Variabilität im Tiguan. Dank verschiebbarer Rückbank ist gleichzeitig Platz für fünf Passagiere und 600 Liter Gepäck.

Sehr zweckmäßig: Spezielle Abdeckungen verschließen die Lücken, die nach dem Umklappen der Rücksitzlehnen entstehen. Durch einen optional bestellbaren Ladeboden wird die Variabilität weiter erhöht und es entsteht ein durchgängig ebener Ladeboden bei umgeklappten Sitzen mit zusätzlichen Staufächern im Boden. Für erhöhtes Ladevolumen kann er natürlich auch komplett entnommen werden. Auffallend ist bei alledem: die hochwertige Materialauswahl im Innenraum, die auch vor dem Gepäckabteil nicht Halt macht. Die glattflächigen Seitenverkleidungen sind mit Stoff bezogen, wodurch selbst große und sperrige Gegenstände ohne ein Verkratzen der Verkleidungsteile transportiert werden können. Verchromte Verzurrösen, Taschenhaken und Gepäckraumbeleuchtung runden das Bild ab. Der Einsatz neuester Materialien aus Verbundkunststoffen für Ladeboden und Gepäckraumabdeckung verbindet dabei hohe Belastbarkeit mit geringem Gewicht. Als weiteres ladefreundliches Extra bietet sich für den Tiguan zudem eine ausziehbare Netztrennwand an.

Motoren & Getriebe

Wie bereits angesprochen, handelt es sich beim Tiguan um das erste SUV mit ausschließlich aufgeladenen Motoren samt Direkteinspritzung. Die Vierzylinder-TDI und -TSI im Leistungsspektrum zwischen 140 und 200 PS sind dank ihrer Drehmomentstärke bereits aus niedrigen Drehzahlen für den Offroad-Einsatz geradezu prädestiniert. Doch gelten die Vorteile der Hochaufladung eigentlich ganz grundsätzlich: Mehr Leistung bei weniger Verbrauch und niedrigeren Emissionen dank vergleichsweise kleiner Hubräume.

Bei allen Aggregaten handelt es sich um Neuentwicklungen. Die TSI kommen alle mit Bleifrei Super 95 aus. In Sachen Diesel ist nach Pumpedüse nunmehr Common-Rail-Einspritzung angesagt. Erklärtes Entwicklungsziel war es dabei, im Tiguan die leisesten Dieselmotoren der Klasse anzubieten. Beide Turbodiesel-

Klassische Farbwahl. Das Nachtdesign der Tiguan-Armaturen vertraut auf die bekannte Rot-Blau-Unterscheidung zwischen Zeigern und Ziffern.

SAUBERE LEISTUNG: EURO-5-TDI

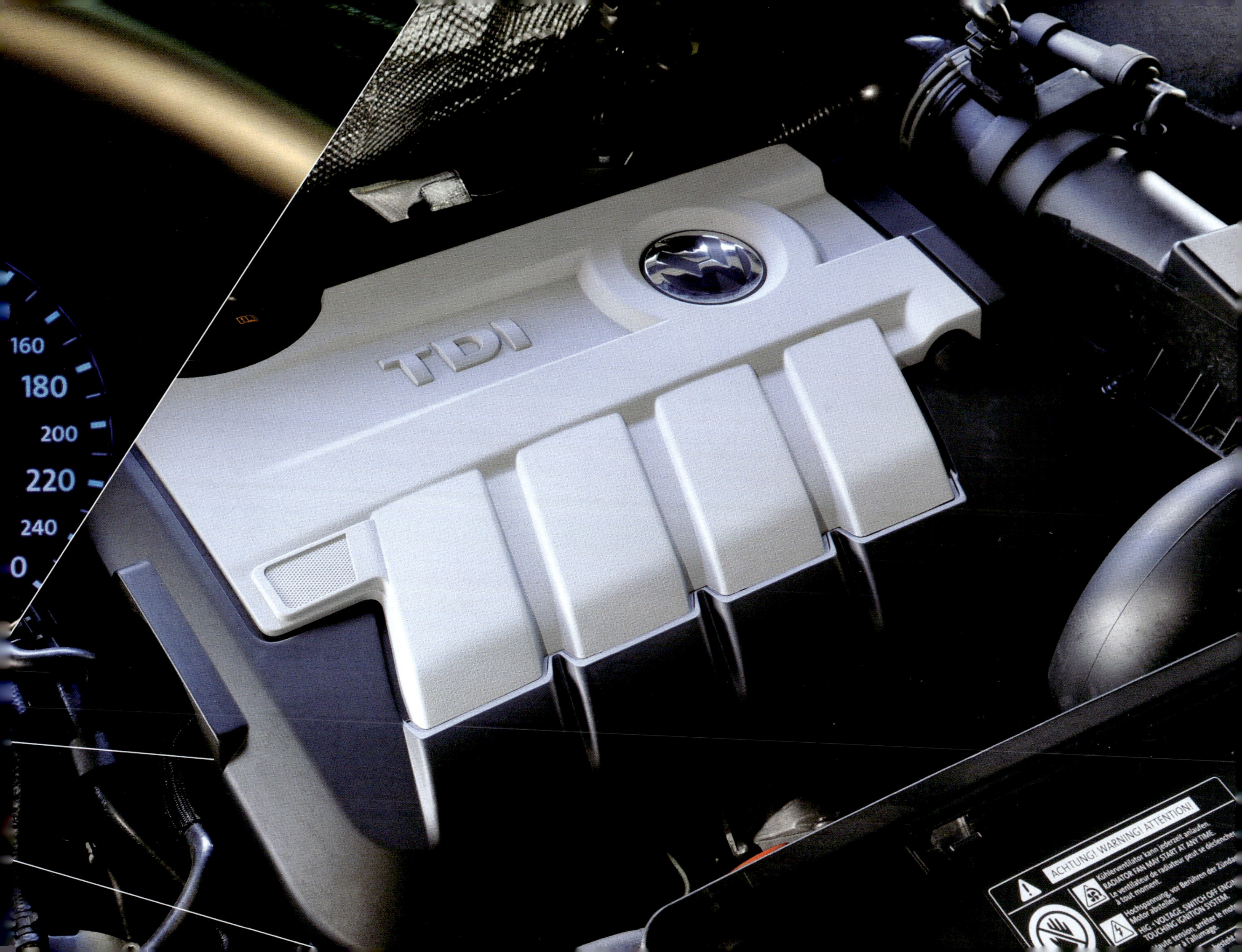
160
180
200
220
240
0
TDI
ACHTUNG! WARNING! ATTENTION!
Kühlerventilator kann jederzeit anlaufen.
RADIATOR FAN MAY START AT ANY TIME.

Drehmomentstarker Basis-TSI mit doppelter Aufladung. 150 PS aus 1,4 l Hubraum dank Turbo und Kompressor.

Direkteinspritzer werden bereits der erst ab 2009 in Kraft tretenden Euro-5-Norm gerecht - auch wenn das in den technischen Angaben zum Serienstart teilweise noch nicht so vermerkt ist.

Die Motoren des Tiguan im Detail

TSI mit 110 kW (150 PS): Dieser 1,4-Liter-TSI-16V mit Kompressor und Turbolader beschleunigt den Tiguan in 9,6 Sekunden auf 100 km/h. Die Höchstgeschwindigkeit beträgt respektable 192 km/h. Das maximale Drehmoment von 240 Newtonmetern entwickelt der TSI ab niedrigen 1750 U/min bis hinauf zu 4000 U/min. Bereits ab 1250 U/min stehen 200 Newtonmeter zur Verfügung. In Kombination mit dem Tiguan Track & Field wird bei diesem TSI der Kompressor im Offroad-Modus stets zugeschaltet, um auch schwierigste Geländepassagen meistern zu können. Der Verbrauch beträgt 8,4 Liter.

TSI mit 125 kW (170 PS): In der mittleren Leistungsstufe kommt ein ebenfalls hochmoderner TSI-16V zum Einsatz. Der Direkteinspritzer beschleunigt den Tiguan in nur 8,5 Sekunden auf 100 km/h. Die Endgeschwindigkeit liegt bei 201 km/h, das maximale Drehmoment beträgt 280 Newtonmeter; das volle Drehmoment steht bereits bei 1800 U/min zur Verfügung. Im Durchschnitt verbraucht dieser TSI 8,9 Liter Kraftstoff.

TSI mit 147 kW (200 PS): Vorerst stärkster Motor im Tiguan ist ein 2,0-Liter-TSI-Vierventiler in der Version mit satten 200 PS. Obwohl seine Leistungsdaten denen des unter anderem im Golf GTI eingesetzten Motors entsprechen, handelt es sich auch hier um eine Neuentwicklung. Die volle Leistung von 147 kW gibt der TSI zwischen 5100 und 6000 U/min ab. Ab 1700 U/min entwickelt er sein Drehmomentmaximum von 280 Newtonmetern. Nach nur 7,9 Sekunden ist der stärkste Tiguan bereits 100 km/h schnell; erst bei 210 km/h endet die Beschleunigungsphase. Der Durchschnittsverbrauch: ebenfalls 8,9 Liter.

TDI mit 103 kW (140 PS): Der 2.0 TDI des Tiguan mit Common-Rail-Direkteinspritzung entwickelt 140 PS und ein Drehmomentmaximum von starken 320 Newtonmetern (bei 1750 U/min). Während der Beschleunigung auf 100 km/h verstreichen lediglich 10,5 Sekunden. Dieser Tiguan TDI erreicht eine Höchstgeschwindigkeit von 186 km/h. Der Verbrauch beträgt 6,9 Liter Diesel auf 100 Kilometer.

TDI mit 125 kW (170 PS): Der stärkere der zwei neuen 2,0-Liter-TDI wuchtet maximale 350 Newtonmeter Drehmoment bei 1750 U/min auf die Kurbelwelle. Nach nur 8,9 Sekunden ist er bereits auf Tempo 100. Die Höchstgeschwindigkeit beträgt 201 km/h. Demgegenüber steht ein Durchschnittsverbrauch von 7,0 Litern, der von der besonderen Effizienz dieses leistungsstarken Aggregats kündet.

Spitzenleistung im Tiguan. Zweiliter-TSI mit 200 PS für Tempo 210 bei moderaten 8,9 Litern Verbrauch.

Die beiden TDI der neuesten Common-Rail-Generation bringen bis zu 1800 bar Einspritzdruck; spezielle Achtloch-Einspritzdüsen sorgen dabei für eine besonders feine Zerstäubung des Dieselkraftstoffs. Die Ansteuerung der Achtloch-Einspritzdüsen übernehmen Piezo-Inline-Injektoren der neuesten Generation. Dabei lösen elektrisch ansteuerbare Piezokristalle mit Unterstützung eines hydraulischen Elements in Sekundenbruchteilen die Einspritzung aus. Im Vergleich zu herkömmlichen Magnetventilen ermöglicht die Piezotechnik flexiblere Einspritzvorgänge mit kleineren und exakter dosierbaren Kraftstoffmengen. Vorteile: ein sehr leiser und angenehm weicher Motorlauf, ein ausgesprochen spontanes Ansprechverhalten sowie niedrige Verbrauchs- und Emissionswerte. Ebenfalls positiv auf die Akustik wirkt sich der völlig wartungsfreie Zahnriemenantrieb der Kurbelwelle aus.

Serienmäßig werden alle Tiguan mit Sechsgang-Handschaltgetriebe ausgeliefert. Zwei Benziner (170 PS und 200 PS) sowie der 140-PS-TDI können zudem optional mit einer Sechsgang-Automatik geordert werden. Beide Getriebevarianten erfüllen spezielle Offroad-Anforderungen. So war es dank der Spreizung über sechs Stufen problemlos möglich, einerseits eine sehr kurze Anfahrübersetzung im ersten Gang zu realisieren. Das Handschaltgetriebe beispielsweise kann bei einer Motordrehzahl von 1000 U/min mit nur 6,69 km/h gefahren werden – die Automatik rollt bei dieser Übung gerade mal 1 km/h flotter voran. Beides Bestwerte im Konkurrenzvergleich zu anderen Modellen, die den Kriechgang eines zusätzlichen Untersetzungsgetriebes in der Tat entbehrlich machen. Andererseits konnte der sechste Gang lang genug für einen niedrigen Verbrauch ausgelegt werden, ohne dass bei der Abstufung der dazwischen liegenden Gänge Abstriche hinsichtlich Fahrkomfort oder Fahrdynamik hätten gemacht werden müssen.

Die neuen TSI und TDI liefern im Tiguan Hightech vom Feinsten. Common-Rail-Hochdruck-Direkteinspritzung ist nur eines der vielen Schlagwörter.

Perfekt auf den Tiguan zugeschnitten ist auch das Sechsgang-Wandlerautomatikgetriebe mit separater Tiptronic-Schaltgasse zur bedarfsweise auch manuellen Wahl der einzelnen Gangstufen. Die integrierte Überbrückungskupplung des Wandlers sorgt für schlupffreie und entsprechend Sprit sparende Kraftübertragung. Im Prinzip kann diese Automatik sogar Motor-Drehmomente bis 500 Newtonmeter verkraften und ist folglich mit den drei Motoren zwischen 140 PS und 200 PS sowie 280 bis 320 Nm, für die sie derzeit angeboten wird, problemlos kombinierbar.

4MOTION & McPherson

Egal welcher Motor und welches Getriebe – ideal für den Einsatzzweck eines SUV harmoniert in allen Kombinationen der Allradantrieb namens 4MOTION. Im Falle des Tiguan handelt es sich dabei um die modernste Spielart der Kraftübertragung zwischen Vorder- und Hinterachse mittels einer nach dem Haldex-Prinzip ins Hinterachsgetriebe integrierten Lamellenkupplung, die in einem Hydraulikölbad läuft. Dabei werden die Hinterräder grundsätzlich immer dann mit Drehmoment versorgt, wenn Schlupf an den Vorderrädern entsteht. Dann steigt der Druck des Hydrauliköls und presst die Scheiben der Lamellenkupplung zusammen, sodass Kraft auf die Hinterachse übertragen wird.

Die 4MOTION-Kupplung ist nunmehr in der – intern Haldex 4 genannten – neuesten Version mit mehr Elektronik denn je versehen. Die kann sogar Kraft an die Hinterachse leiten, bevor vorn Schlupf überhaupt erkennbar ist. Zu diesem Zweck arbeitet sie mit einem Speicher, der über eine elektrische Pumpe mit Öl versorgt wird und in dem stets ein Arbeitsdruck von 30 bar herrscht. Ein Steuergerät errechnet das ideale Antriebsmoment für die Hinterachse und steuert mittels eines Ventils, wie viel Öldruck auf den Arbeitskolben der Lamellenkupplung übertragen wird. Dabei steigt der Anpressdruck auf die Kupplungslamellen proportional zum an der Hinterachse gewünschten Drehmoment. Mit der Höhe des ausgeübten Drucks auf die Kupplungslamellen lässt sich das übertragbare Drehmoment stufenlos variieren. Gegenüber der bisherigen 4MOTION-Generation kann das System deshalb praktisch schlupfunabhängig arbeiten, weil der Arbeitsdruck ständig verfügbar ist. Beim Anfahren und Beschleunigen wird einem Durchdrehen der Räder an der Vorderachse schon im Ansatz vorgebeugt, da das Steuergerät die Drehmomentverteilung entsprechend den dynamischen Achslasten regelt. Im Extremfall können weiterhin nahezu 100 Prozent des Antriebsmoments an die Hinterachse geleitet werden.

Modernste Elektronik im Track & Field für weitere Optimierung des 4MOTION-Antriebs. Ein Offroad-Taster sorgt für die Aktivierung aller Systeme.

Modernste Elektronik sorgt speziell im Tiguan Track & Field für eine zusätzliche Optimierung der Allradeigenschaften des 4MOTION abseits befestigter Pisten. Sichtbares Erkennungszeichen für den Fahrer ist ein sogenannter Offroad-Taster auf der Mittelkonsole, mit dem sich per Knopfdruck alle wichtigen Offroad-Hilfen des Systems auf einmal einschalten lassen. Gesteuert werden beispielsweise ein »Bergabfahrassistent« für optimale Kontrolle im Gefälle mithilfe aktiven Bremseneingriffs, die Feinfühligkeit der Fahrpedalcharakteristik für genaueste Dosierbarkeit des Motordrehmoments, die Aktivierung der elektronischen Differenzialsperren bereits bei geringstem Schlupf und die Veränderung der Pulsfrequenz des Anti-Blockier-Systems zur Verbesserung der Bremswirkung auf losem Untergrund. Außerdem aktiviert die Betätigung des Offroad-Tasters eine Anfahrhilfsfunktion, welche die Motordrehzahl beim Anfahren – auch zur Schonung der Kupplung – auf ein vernünftiges Maß begrenzt. In Verbindung mit Automatik verhindert die Gangstufenvorwahl des Offroad-Programms das unerwünschte Hochschalten in die nächste Gangstufe, um so die optimale Motorbremswirkung zu nutzen.

Der Drucktaster selbst ist mit dem Motorsteuergerät verbunden. Die Information »Offroad-Fahrprogramm aktiv« wird von dort aus den

MORE EMOTION
WOB TI 222

Untersetzungsgetriebe unnötig. Der extrem kurze erste Gang bietet Anfahrkomfort unter allen Umständen.

weiteren Steuergeräten über den Fahrzeug-CAN-Bus mitgeteilt. Da die Funktion aus Sicherheitsgründen nach jedem Zündungswechsel erneut aktiviert werden muss, konnte auf eine auffällige Anzeige im primären Blickfeld des Fahrers verzichtet werden.

Wie »intelligent« die Elektronik reagiert, zeigt der Blick auf eine gar nicht so seltene Offroad-Situation: Selbst professionellen Fahrern kann es im Gelände passieren, dass der Motor abgewürgt wird. Der Offroad-Modus wird deaktiviert, die Hilfssysteme schalten ab. Eigentlich! Die Elektronik des Tiguan erkennt das »Abwürgen« und fährt nach dem Neustart des Motors sofort alle Offroad-Assistenzsysteme wieder hoch.

Basis für die mustergültigen Fahreigenschaften ist bei alledem eine grundsätzlich aus dem Golf und dem Passat bekannte Fahrwerkskonstruktion: McPherson-Federbeine vorn, Vierlenker-Hinterachse hinten und eine komplett neu entwickelte elektromechanische Servolenkung der nächsten Generation, die trotz eines sehr präzisen Lenkgefühls selbst im Offroad-Betrieb keinerlei Stöße mehr an die Lenkung überträgt. Das sichert dem Tiguan in seiner Klasse eine Spitzenstellung in Sachen Dynamik, Komfort und Sicherheit, wobei es die Entwicklungsingenieure verstanden haben, die besonderen Verhältnisse dieses SUV mit seiner höheren Karosserie überzeugend an das Fahrwerkslayout anzupassen. So paaren sich die besten Pkw-Fahrwerkseigenschaften wie agiles, neutrales bis leicht untersteuerndes Handling, hoher Schwingungs- und Rollkomfort, geringe Wankwinkel mit harmonischer Wankdynamik und sehr gute Fahrstabilität mit ausgezeichneter Geländegängigkeit.

Robust und dynamisch zugleich: die Vierlenker-Hinterachse aus dem Passat. Für den Offroad-Einsatz im Tiguan wurde sie aber gezielt verstärkt.

Um das Ziel zu erreichen, wurde insbesondere die Vierlenker-Hinterachse für den permanenten Allradantrieb weiterentwickelt. Zwar hat sich in ähnlicher Form die sehr robuste und gleichzeitig dynamisch ausgelegte Achsgeometrie bereits im Passat 4MOTION bewährt. Im Hinblick auf den harten Offroad-Einsatz kommt im Tiguan aber ein Hilfsrahmen aus hochfesten Stählen anstelle von Aluminium zum Einsatz. Für die Hinterachse wurden zudem neu entwickelte Schwingungsdämpfer mit einem erhöhten Ölvolumen konstruiert, um so das Temperaturniveau auch auf härtesten Offroad-Fahrten nicht über Gebühr ansteigen zu lassen.

Ausstattungen & Extras

Wie zuvor schon angedeutet, ist der Tiguan in vielfacher Hinsicht ein Fahrzeug, das keine Wünsche offen lässt. Karosserie, Fahrwerk und Motoren bilden für die jeweiligen Einsatzzwecke der unterschiedlichen Ausstattungsvarianten eine überzeugende Einheit. Das harmoniert hervorragend mit der Sicherheit, dem Komfort und der Variabilität, die bereits die Grundausstattung eines jeden Tiguan sicherstellt. Auch das Einstiegsmodell Trend & Fun verfügt daher unter anderem über sechs Airbags, Gurtkraftbegrenzer auf allen äußeren Sitzplätzen, Gurtstraffer vorn, das elektronische Stabilisierungsprogramm ESP, die in das ESP integrierte Gespannstabilisierung bei Modellen mit Anhängerkupplung, Isofix-Kindersitzbefestigungen auf der Rückbank und eine elektronische Parkbremse mit Auto-Hold-Funktion. Selbst ein ordentliches Radio, das RCD 210 mit integriertem CD-Player, Klimaanlage (»Climatic«), rundum elektrische Fensterheber, elektrisch einstell- und beheizbare Außenspiegel, die Funkfernbedienung der Zentralverriegelung und die Multifunktionsanzeige Plus gehören bereits dazu. Genauso wie Fahrersitzhöhenverstellung, Lenksäule mit Höhen- und Längseinstellung, Gepäckraumabdeckung, grüne Wärmeschutzverglasung, ein praktisches Ablagefach am Dachhimmel, reichlich Cupholder und nicht zu vergessen – als eines der Kernstücke des multifunktionalen Konzepts – die asymmetrisch verschieb-, teil-, klapp- und im Lehnenwinkel verstellbare Rücksitzanlage.

Der exklusive Tiguan Sport & Style besitzt darüber hinaus unter anderem 17-Zoll-Leichtmetallfelgen, ein umfangreiches Chrompaket für Dachreling, Fenstergrafik und Kühlergrill, abgedunkelte Scheiben ab den B-Säulen, Sportsitze mit einstellbaren Lordosenstützen sowie eine Mittelkonsole mit klappbarer und höheneinstellbarer Armlehne mit Ablagebox. Ebenfalls serienmäßig: die vollständig nach vorn klappbare Beifahrersitzlehne, Schubladen unter den Vordersitzen, Klapptische und Ablagetaschen an den Rückseiten der Vordersitze, Lederlenkrad und -schaltknauf, Stoffsitze mit Alcantara-Applikationen, eine Geschwindigkeitsregelanlage sowie eine Reifendruckkontrollanzeige.

Der Tiguan Track & Field wurde – wie bereits beschrieben – mit seinem 28-Grad-Frontmodul ebenso wie mit dem auf Knopfdruck aktivierbaren Offroad-Modus speziell für den Einsatz im Gelände konzipiert. Darüber hinaus schickt Volkswagen den Tiguan Track & Field zusätzlich zur Grundausstattung unter anderem mit 16-Zoll-Leichtmetallrädern, klappbarem Beifahrersitz, Komfortsitzen vorn inklusive Lordosenstütze und Schubladen sowie Klapptischen und Ablagetaschen an deren Rückseite, Reifendruckkontrollanzeige, schwarzer Dachreling, Triebwerksunterschutz und Kompassanzeige im Kombiinstrument auf Abenteuertour.

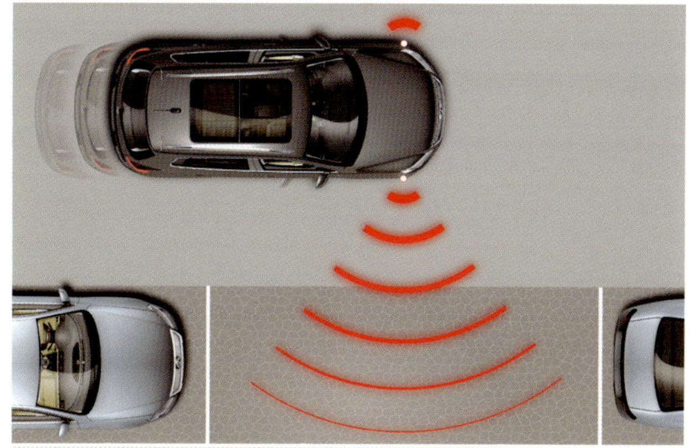

Die Technik des Park Assist. Parklückenvermessung per Ultraschall, Lenkradeinschlag ohne Eingriff des Fahrers.

Bleibt noch ein Blick auf die vielfältigen Sonderausstattungen, die bis hin zur getrennt regelbaren Klimaanlage »Climatronic«, Tagfahrlicht, Telefon, Standheizung, 230-V-Steckdose mit 150 Watt Dauer- und 300 Watt Spitzenleistung sowie Xenon-Scheinwerfern mit Kurvenfahrlicht die volle Auswahl bekannter Optionen bieten.

Viele Extras markieren freilich durchaus die Vorreiterrolle und Spitzenstellung, die der Tiguan mit seinem Serienstart im Herbst 2007 übernommen hat. Zu diesen Highend-Techno-

HÄNDE HOCH ZUM PARKEN

Perfekt in die Lücke mit Park Pilot, denn der lenkt selbsttätig. Der Fahrer betätigt nur Gas, Gang und Bremse.

WOB PR 355

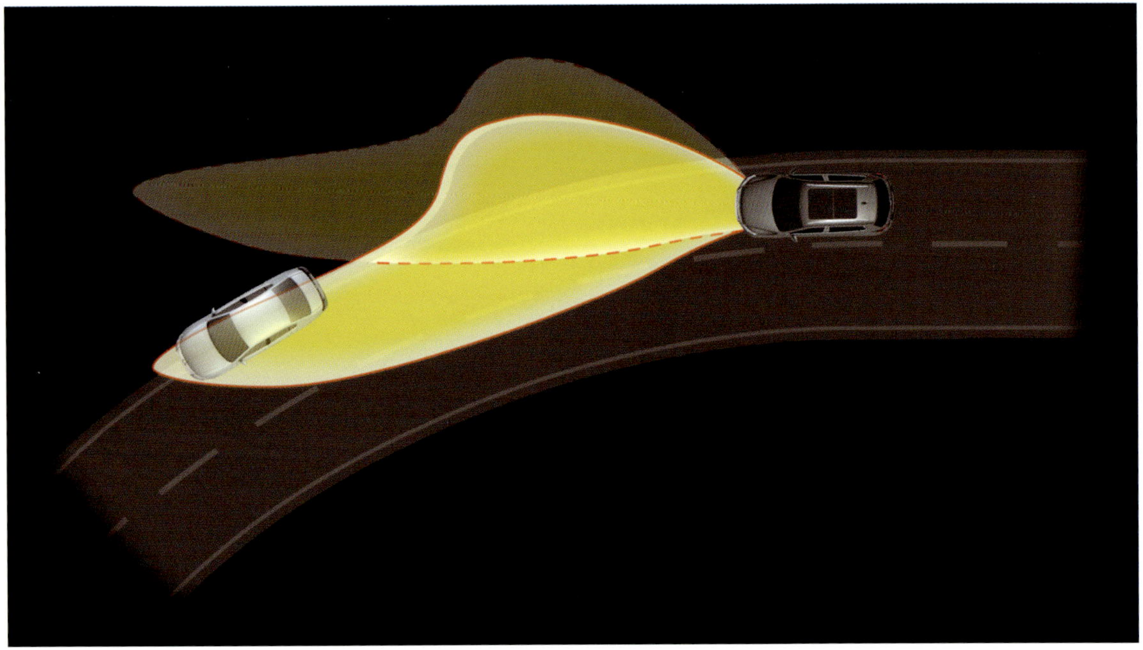

Tiguan-Extra dynamisches Kurvenfahrlicht. Die Lichtkegel folgen der Lenkung und zeigen so früher Hindernisse.

logien zählt zum Beispiel der weltweit erste Parklenkassistent, der in einem SUV eingesetzt wird. Der »Park Assist« als konsequentes Upgrade des in diesem Paket ebenfalls enthaltenen »Park Pilot« mit seiner akustischen Warnung vor Hindernissen im Front- und Heckbereich ermöglicht tatsächlich das automatische Rückwärtseinparken parallel zur Fahrbahn. Dazu bedient er sich zur Parklückenvermessung zweier spezieller Ultraschallsensoren mit vergrößerter Reichweite im vorderen Stoßfänger sowie der vier Sensoren im vorderen und hinteren Stoßfänger, wie sie vom Park Pilot bereits bekannt sind. Der Fahrer betätigt lediglich Gaspedal, Bremse, Schalthebel und Kupplung zur Vor- und Rückwärtsfahrt, der Tiguan lenkt derweil sensorgesteuert in die zuvor vermessene Lücke. Sobald manuell in das Lenkgeschehen eingegriffen wird, deaktiviert sich der Park Assist.

Wer lieber doch selbst lenkt oder aber zusätzlich auch noch genau sehen will, was sich hinter der Heckstoßstange tut, dem vermittelt die klein und unauffällig im Kofferdeckel integrierte Rückfahrkamera »Rear Assist« mit jedem Einlegen des Rückwärtsgangs ein entzerrtes, naturgetreues Bild aufs Display in der Mittelkonsole. Hier wird zudem der eingeschlagene Weg anhand von gelben Orientierungslinien angezeigt, diese entsprechen dem jeweiligen Lenkeinschlag. Mit dem System sind selbst kleinste Hindernisse nach hinten gut zu erkennen und engste Parklücken millimetergenau zu meistern.

Der Tiguan wird auf Wunsch auch mit der aktuellsten Radio- und Navigationssystem-Generation geliefert. Die Steuerung des Top-Radios RCD 510 (inklusive 6-fach-CD-Wechsler, optional mit DAB Digitalradio) und des High-End-Radio-Navigationssystems RNS 510 erfolgt unter anderem via bedienerfreundlichen Touchscreen (6,5 Zoll) und Multifunktionstasten. Beide Geräte sind mit einer hochwertigen Soundanlage mit acht Lautsprechern ausgerüstet. Zur Hardware des RNS 510 gehören ferner ein Power-PC-Prozessor mit 400 MHz und ein eigener Grafikprozessor. Gespeichert werden die Navigations- und Entertainmentdaten auf einer 30-Gigabyte-Festplatte. Ein SD-Karten-Slot (unter anderem für MP3-Dateien) steckt bei beiden Geräten unterhalb des Displays. In der Mittelkonsole befindet sich zudem ein AUX-IN-Adapter zum Anschluss aller Audio-Geräte via Kopfhörerausgang (Klinkenstecker). Das RNS 510 spielt zudem Video-DVDs ab, aus Sicherheitsgründen aber nicht während der Fahrt.

Eine weitere Innovation des RNS 510 ist seine speziell entwickelte Offroad-Navigation. In diesem Modus können auch in nicht digitalisierten Gebieten während der Fahrt bis zu 500 Wegpunkte aufgenommen werden. So findet der Fahrer aus jedem Offroad-Abenteuer den Weg zurück. Die Touren können durch manuelles Abspeichern von Wegpunkten oder auch automatisch aufgezeichnet werden (Trackfunktion). Im Bearbeitungsmodus kann der Nutzer die Tour dann nach Belieben modifizieren.

Innovativer als man vielleicht zunächst denken würde: die Anhängerkupplung für wirklich schweres Gerät. Denn mit einer Anhängelast von bis zu 2500 Kilogramm setzt der Tiguan – wie schon erwähnt – einen neuen Bestwert in seinem Fahrzeugsegment. Die Anhängerkupplung selbst wird manuell über eine Seilzugtechnik in Sekundenschnelle herausgeschwenkt respektive wieder eingeklappt. Eine komplizierte, zeitraubende Montage samt Einrasten und Abschließen gibt es nicht mehr. Schmutzige Hände sind ebenfalls passé, denn der Seilzug mit ergonomischem Knauf befindet sich links oben, direkt auf dem Stoßfänger unter einer separaten Abdeckung. Somit ist er bei geschlossener Heckklappe schmutzgeschützt und für Unbefugte nicht zugänglich. Die Mechanik ist so leichtgängig, dass ein kleiner Schubs mit dem Fuß zum sicheren Arretieren des Systems ausreicht. Im Bedienknauf leuchtet eine LED grün auf, sobald die Kupplung sicher eingerastet ist. Und die Dose für den Polstecker, der die Verbindung zur Elektrik des Anhängers herstellt, ist praktischerweise direkt seitlich im Schwenkarm der Kupplung integriert. Eine sehr solide, kompakte Lösung.

Tiguan-Extra schwenkbare Anhängerkupplung. Dank Seilzugtechnik ist das Teil sekundenschnell einsatzbereit.

Gönnen wir uns zum guten Schluss noch einen Blick in den Himmel. Und zwar durch das gewaltige Panorama-Schiebedach (PSD) des Tiguan mit seiner gegenüber einem herkömmlichen Golf-Schiebedach um 300 Prozent größeren Dachausschnittsfläche und immerhin noch 1,5-fach größeren Öffnungsfläche aus Verbundglas. Das aerodynamisch und akustisch optimierte PSD besteht aus einem zu öffnenden vorderen und einem festen hinteren Glassegment. Das Dach bietet damit vielfache Einstell- und Öffnungsmöglichkeiten, die via ergonomischen Bedienschalter in der Dacheinheit gesteuert werden. Das Dachsystem verfügt über einen Einklemmschutz und ein durchgängiges, elektrisch bedienbares Sonnenrollo – und wirft einen besonders freundlichen Lichtblick auf und in den Tiguan. Der hat in der Tat in der Kategorie der Sport Utility Vehicles ein deutliches Glanzlicht gesetzt.

LICHT & LUFT

Großes Extra für den souveränen Tiguan. Das zweigeteilte Panorama-Schiebedach mit getöntem Glas und elektrischem Sonnenrollo liefert Licht über allen Sitzplätze und öffnet sich auf Knopfdruck.

Der Tiguan	1.4 TSI 150 PS	2.0 TSI 170 PS	2.0 TSI 200 PS	2.0 TDI 140 PS	2.0 TDI 170 PS
MOTOR	4-Zylinder, 4-Ventil-Benziner, vorn quer, FSI-Direkteinspritzung, Turbolader und mechanischer Kompressor (Twincharger), G-Kat	4-Zylinder, 4-Ventil-Benziner, vorn quer, FSI-Direkteinspritzung, Turbolader, G-Kat	4-Zylinder, 4-Ventil-Benziner, vorn quer, FSI-Direkteinspritzung, Turbolader, G-Kat	4-Zylinder, 4-Ventil-Diesel, vorn quer, Common-Rail-Direkteinspritzung, VTG-Turbolader mit Ladeluftkühlung, Oxi-Kat, Dieselpartikelfilter	4-Zylinder, 4-Ventil-Diesel, vorn quer, Common-Rail-Direkteinspritzung, VTG-Turbolader mit Ladeluftkühlung, Oxi-Kat, Dieselpartikelfilter
Leistung	110 kW (150 PS) bei 5800 U/min	125 kW (170 PS) bei 5100-6000 U/min	147 kW (200 PS) bei 5100-6000 U/min	103 kW (140 PS) bei 4200 U/min	125 kW (170 PS) bei 4400 U/min
max. Drehmoment	240 Nm bei 1750-4000 U/min	280 Nm bei 1800-5000 U/min	280 Nm bei 1700-5000 U/min	320 Nm bei 1750-2500 U/min	350 Nm bei 1750-2500 U/min
Hubraum	1390 cm^3	1984 cm^3	1984 cm^3	1968 cm^3	1968 cm^3
ANTRIEB	permanenter Allradantrieb 4MOTION mit Haldex-4-Kupplung (plus Offroad-Fahrprogramm für Track & Field), 6-Gang-Schaltgetriebe				
Option	-	6-Gang-Automatik	6-Gang-Automatik	6-Gang-Automatik	-
FAHRWERK	McPherson-Vorderachse mit Aluminium-Hilfsrahmen, Vierlenker-Hinterachse mit Hilfsrahmen aus hochfestem Stahl, elektromechanische, geschwindigkeitsabhängig geregelte Servolenkung, ESP mit ABS, ASR, EDS, EBV und Bremsassistent, Scheibenbremsen (vorn innenbelüftet) mit ø v/h 312/286 mm, elektromechanische Parkbremse mit Auto-Hold-Funktion				
Reifen/Felgen (kleinste Seriengröße)	215/65 R 16 auf 6,5 J x 16 Stahlfelge	215/65 R 16 auf 6,5 J x 16 Stahlfelge	215/65 R 16 auf 6,5 J x 16 Alufelge	215/65 R 16 auf 6,5 J x 16 Stahlfelge	215/65 R 16 auf 6,5 J x 16 Alufelge
KAROSSERIE	5-sitziger SUV, 4-türig, Stahl partiell verzinkt, Front-/Seitenairbags vorn, Kopfairbags für alle äußeren Sitzplätze. Länge x Breite x Höhe 4427 (Track & Field 4457) x 1809 x 1686 mm, Radstand 2604 mm, Spur v/h 1569 mm, Bodenfreiheit 195 mm, Böschungswinkel v/h 18°(Track & Field 28°)/25°, Rampenwinkel 20°, Wendekreis 12 m, Kofferraum (ISO 3832) 470-1510 l, Tank 64 l				
Leergewicht (min.)	1546 kg	1571 kg	1587 kg	1590 kg	1606 kg
Gesamtgewicht (min.)	2170 kg	2200 kg	2210 kg	2240 kg	2230 kg
Anhängelast (gebr.)	2000/2100 kg (12/8 %)	2200/2200 kg (12/8 %)	2200/2200 kg (12/8 %)	2200/2200 kg* (12/8 %)	2200/2200 kg (12/8 %)
Anhängel. Track & Field	2000/2200 kg (12/8 %)	2500/2500 kg (12/8 %)	2500/2500 kg (12/8 %)	2500/2500 kg* (12/8 %)	2500/2500 kg (12/8 %)
FAHRLEISTUNGEN	Werksangabe (Automatikwerte im Klammern)				
0-80/100 km/h	6,5/9,6 s	5,5/8,5 (6,9/9,9) s	5,1/7,9 (5,8/8,5) s	7,2/10,5 (7,9/10,7) s	6,4/8,9 s
Höchstgeschwindigkeit	192 km/h	201 (197) km/h	210 (207) km/h	186 (182) km/h	201 km/h
VERBRAUCH	Super 95 ROZ	Super 95 ROZ	Super 95 ROZ	Diesel	Diesel
Stadtzyklus	10,6 l/100 km	12,1 (13,5) l/100 km	12,1 (13,5) l/100 km	8,8 (9,7) l/100 km	8,8 l/100 km
Überlandfahrt	7,0 l/100 km	7,1 (7,7) l/100 km	7,1 (7,7) l/100 km	5,8 (6,3) l/100 km	6,0 l/100 km
Gesamtstrecke	8,4 l/100 km	8,9 (9,9) l/100 km	8,9 (9,9) l/100 km	6,9 (7,5) l/100 km	7,0 l/100 km
CO_2-Emission	199 g/km	213 (234) g/km	213 (234) g/km	182 (199) g/km	185 g/km

* reduzierte Anhängelast bei 2.0 TDI mit Automatik

Knackig. Kompakte Außenmaße, langer Radstand.

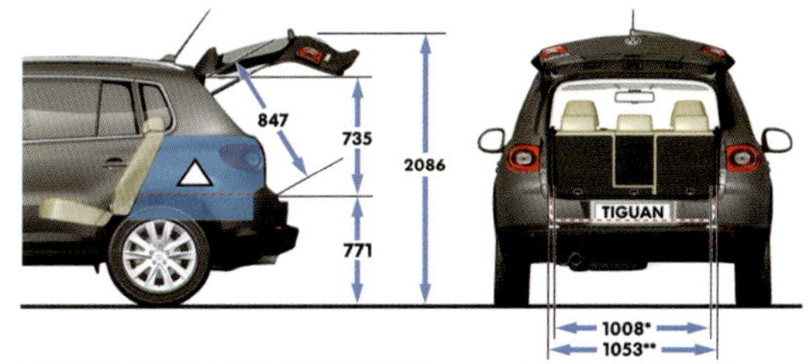

Ladefreundlich. Bequeme Ladekante, breite Öffnung.

△ 470 Liter Basismodell ohne Ladeboden, unter Hutablage
395 Liter Ladeboden und Cargomanagement
360 Liter Ladeboden und Notlaufrad

* Breite zwischen den Radkästen
** Größte Breite

Länge läuft. Maximal 2,5 Meter am Stück passen in den Tiguan.

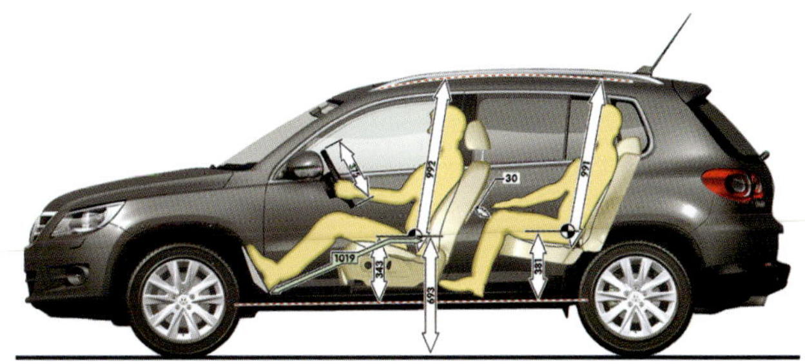

Bequem auf allen Plätzen. Hinten sitzt man höher.

T WIE

TIGUAN

Nur wenige Monate nach der Präsentation des Golf 5 zeigte VW bereits eine exotische Spielart des Millionensellers: den Concept T auf der Detroit Auto Show im Januar 2004. Eine Mixtur aus Gelände- und Sportwagen, aus Coupé und Cabrio – und die erste Fingerübung für den Tiguan.

Kein Golf zuvor kam je so universell daher und war in derart vielen Varianten erhältlich wie der Fünfer, der im Herbst 2003 auf der Frankfurter IAA ins Rampenlicht rückte. Der aktuellen Modulstrategie sei Dank. Einzelne Fahrzeugbauteile und komplexe Komponenten werden dabei so entwickelt, dass sie ohne größere technische Veränderungen in äußerlich sehr unterschiedlichen Modellen verwendet werden können. Nur deshalb ist die Vielfalt der Golf-Derivate auch unter wirtschaftlichen Gesichtspunkten überhaupt erst realisierbar. So entstanden in den folgenden fünf Jahren neben der klassischen Steilheck-Limousine die Golf-Ableger Plus, Variant, Jetta, Scirocco, Touran und – etwa im Fahrwerks- und Motorbereich – der Tiguan. Der wiederum beruft sich neben dem schon recht seriennahen Show Car Concept A aus dem Jahre 2006 ebenso auf den legendären Concept T. Eine Fahrzeugstudie, die bereits im Januar 2004 auf der North American International Auto Show in Detroit ihre glanzvolle Premiere feierte und dort als extravagante SUV-Spielart zum ersten Mal die Idee des heutigen Tiguan zeigte: ein kompaktes Fahrzeugformat, perfekt für Straße und Gelände gerüstet. Anlässlich der »Weltpremiere des Volkswagen Offroad-Coupés«, so der Originalton, präsentiert sich allerdings ein wahrlich avantgardistisches Automobil, das solche Extreme wie Sportwagen und SUV (Sport Utility Vehicle) miteinander vereint: ein V6-Geschoss mit Allradantrieb, Flügeltüren und T-Bar-Roof.

Angetrieben wird die Studie von dem aus dem Golf prinzipiell bekannten, vorn quer eingebauten 3,2-Liter-V6-Motor, in diesem Falle mit 177 kW/241 PS Leistung. Für die Kraftübertragung ist on- wie offroad der permanente Allradantrieb 4MOTION in Kombination mit dem ebenso bekannten, auch manuell schaltbaren

Faszinierende Details am Concept T. Flügeltüren und die frei stehenden Räder im Stil der VW Dune-Buggy.

VW-TYPISCHES DESIGN. DURCHDRINGUNG VON TRAPEZ UND KREIS

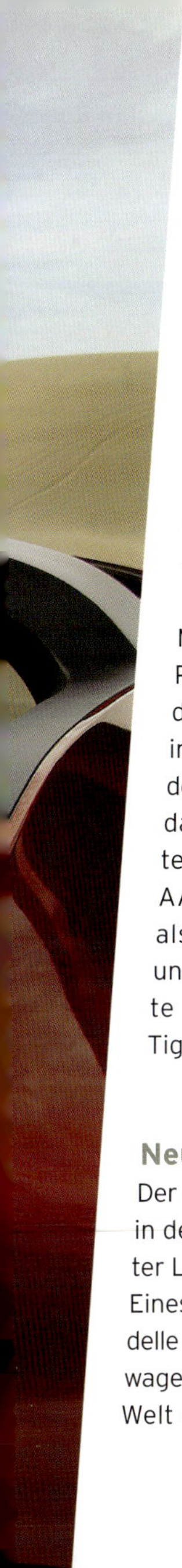

Automatikgetriebe (Tiptronic) zuständig. Der Concept T beschleunigt in 6,9 Sekunden auf Tempo 100; seine Höchstgeschwindigkeit beträgt elektronisch begrenzte 230 km/h.

Mit dem Concept T setzt Volkswagen sein Programm der innovativen Designstudien fort, die offenbar immer wieder gern in Detroit enthüllt werden. Wie etwa 1994 der Concept 1, aus dem der New Beetle und das New Beetle Cabriolet entstehen sollten, oder sechs Jahre später der Pick-up AAC. Der AAC eroberte ab 2002 dann als großes SUV namens Touareg Straße und Gelände gleichermaßen und erkundete dabei schon mal das Terrain für den Tiguan.

Neue Lifestyle- und Freizeitwerte

Der Concept T schließt eine Lücke: Besonders in den USA wird der Bereich der SUV in erster Linie durch große Geländewagen geprägt. Eines der nach wie vor fortschrittlichsten Modelle dieses Segmentes: der Touareg von Volkswagen. Er verbindet in höchster Perfektion die Welt der echten Offroader mit den Komfortmerkmalen einer Luxuslimousine und der Handlingsouveränität eines Sportwagens. Aber auch im Segment unterhalb großen SUV entsteht allmählich ein Markt für hochtalentierte Offroader in Kombination mit souveränen und sportlichen Onroad-Eigenschaften. Diese Lücke spürt der Concept T auf. Der rote Zweitürer bringt dabei die Faszination eines reinrassigen Sportwagens mit der Vielseitigkeit eines echten Offroaders in Einklang. Sein progressives Design und die clever gemachte Karosserie-Variabilität erschließen zudem bis dato völlig neue Lifestyle- und Freizeitwerte. Einem agilen Sportwagen entsprechend, kennzeichnen den Concept T dabei knackige Karosseriedimensionen (Länge x Breite x Höhe 4079 x 1963 x 1450 mm). Das kraftvoll gestaltete Exterieur wird darüber hinaus durch kurze, offroad-orientierte Karosserieüberhänge (vorn: 826 mm/hinten: 686 mm) und zahlreiche Hightechfeatures geprägt.

Flügeltüren und T-Bar-Roof

Ein stilistisch wie technisch besonders eigenständiges und faszinierendes Karosseriedetail des Concept T stellen seine Flügeltüren dar. Angeschlagen sind diese am oberen Bereich der A-Säule. Beim Öffnen schwenken sie gleichzeitig leicht nach außen und steil nach oben. Vorteile: ein besonders bequemer Ein- und Ausstieg sowie vergleichsweise wenig Raumbedarf der geöffneten Türen zur Seite. Weitere Design-Avantgarde: Der hintere Teil der Tür bildet oberhalb des Türgriffes/-öffners die B-Säulenverkleidung; eine extrem robuste und dennoch sportlich-elegante Lösung. Zwecks optimaler Einsehbarkeit auch bei geöffneten Türen befinden sich die Außenspiegel weit oben an der A-Säule.

19-Zoll-Räder sorgen für adäquate Bodenfreiheit. Platz im Heck ist fürs Reserverad oder für zwei Sitze.

Futuristisch. Zentrale Informationen werden hinter der Lenkradebene auf Head-up-Displays projiziert.

Ebenfalls nach oben geschwenkt werden können die zwei vorderen Dachhälften (T-Bar-Roof) des Concept T, um sie mit wenigen Handgriffen auszubauen. Noch mehr Himmel über dem Offroad-Coupé wird freigegeben, wenn das als Hardtop ausgeführte hintere Dachmodul (mit integrierter Heckklappe) abgenommen wird. Werden dann noch die im vorderen Bereich tief nach unten reichenden Seitenscheiben gesenkt, verwandelt sich der Concept T endgültig in ein Cabriolet mit sicherem Überrollbügel.

Aus der Perspektive von vorn zeigt der Concept T bewusst stilistische Parallelen zur im September 2003 vorgestellten Roadster-Studie Concept R – einem Vorläufer des 2005 präsentierten VW Eos, allerdings mit Mittelmotor – und der Studie Golf GTI, die auf der IAA, ebenfalls im September 2003, Weltpremiere hatte. Gemeinsamer Nenner: der V-förmige und in die Stoßfängereinheit integrierte Kühlergrill, der auf Jahre hinaus in ähnlicher Variation die Frontpartie vieler neuer Volkswagen prägen wird. Design-Parallelen zwischen dem Roadster Concept R und dem Offroad-Coupé Concept T weisen zudem die Scheinwerfer mit ihrem weit außen liegenden linsenförmigen Hauptelement und dem spitz nach innen – fast als Parallelogramm zur Motorhaube und zum Kühlergrill – verlaufenden Innenelement auf. Der Hauptscheinwerfer des Concept T ragt im Gegensatz zum Concept-R-Element allerdings nach oben in den Kotflügel hinein.

Um den Offroad-Charakter des Concept T zu unterstreichen, »schweben« die Scheinwerfer optisch in den Stoßfängern und den extrem breiten, nach oben gewölbten Kotflügeln. Letztere sind seitlich weit ausgeschnitten. In der Gesamtwirkung ergibt sich so der Eindruck, als wären die großen 19-Zoll-Räder (Reifendimension: 285/45 R 19) freistehend angeordnet, ganz im Stil der legendären Dune-Buggy, die ab Mitte der 1960er-Jahre auf VW-Basis zu Ikonen der Freiheit auf vier Rädern avancierten. Bereits beim Concept T ist dieses Element allerdings mehr als nur Show. Die eingesetzte Rad-Reifen-Kombination bildet vielmehr eine weitere Basis für die souveränen On- und Offroad-Fahreigenschaften des Concept T.

Hinten ist der Karosserieüberhang noch kürzer als vorn. Auch hier integrieren sich die schmalen Leuchteinheiten »schwebend« in die Stoßfänger und Kotflügel. Jeweils innen neben den Rückleuchten befinden sich markant platziert die Edelstahlendrohre der Abgasanlage. Die hohe Position hat den Vorteil, dass die Endrohre im Gelände nicht aufsetzen.

Konsequent auf Offroad-Tauglichkeit ausgelegt sind auch die unteren Karosserieteile (Flanken sowie Front- und Heckschürzenelemente); sie

concept T
1000
ENTERTAINMENT
concept T

Displays auf hintereinander gestaffelten Ebenen. Ausblick auf die Zukunft oder doch nur Spielerei?

bestehen aus einem Kunststoff, der sich als höchst widerstandsfähig und somit resistent gegen Blessuren aus dem Geländeeinsatz erweist. Zudem sind die Kunststoffbeplankungen, ebenso wie die kompletten Leuchteinheiten, blitzschnell austauschbar.

Das Design der hinteren Kotflügel zeigt aus der seitlichen Perspektive einen klassischen Hüftschwung nach vorn: Im hinteren Bereich formen die sehr breiten Kotflügel eine muskulöse Schulterpartie; nach vorn gehen sie mit ihrer Flankenlinie nahtlos in die Türaußenhaut über. Der Endpunkt dieser wie eine Sehne über zwei Drittel des Offroad-Coupés gespannten Linie befindet sich mittig vor dem Radlauf der Vorderräder. Zusammen mit dem vorderen Türabschluss wurde dabei ein pfeilartiges und einmal mehr dynamisches Design realisiert.

Progressives Interieur

Progressive Wege zeigt auch der Innenraum des Offroad-Coupés Concept T, da hier ebenfalls die Welt der Sportwagen und SUV zu einer in dieser Art und Weise noch nie realisierten Facette der Stilistik und Funktionalität verschmelzen. Der als 2- sowie alternativ 2+2-Sitzer konzipierte Concept T besitzt ein bewusst sportlich-puristisch gestaltetes Interieur. Im gesamten Innenraum der in Detroit gezeigten Studie kommt beispielsweise für die Armaturen, Türverkleidungen und Sitze ein weiches Kunststoffmaterial mit einer satinartigen Oberflächenstruktur zum Einsatz. Es ist optisch und haptisch sehr ansprechend und kann – etwa nach einem bei offenem T-Dach zurückgelegten Wochenendtrip über Strand- oder Offroad-Pisten – feucht gereinigt werden. Der Innenraum bietet darüber hinaus höchste Variabilität. Denn unter der Heckpartie des Concept T verbirgt sich jede Menge Stauraum: entweder für das nach außen sichtbare Ersatzrad plus Gepäck, nur für das Gepäck oder für die zweite Sitzreihe samt Fondpassagiere plus Gepäck. Dieses »Outdoor-Trim« aus Kunststoff kann im Übrigen jederzeit ohne große Mühen gegen ein komplett mit Leder bezogenes »Downtown-Trim« getauscht werden.

Aufwendig auch die Sitzanlage. Fahrer und Beifahrer nehmen – über 5-Punkt-Gurte gesichert – auf ergonomisch geformten Aluminium-Flex-Schalensitzen Platz. Gelagert sind sie mittig auf einer Aluminiumtraverse. Die Seitenwangen der Sitze sind weit nach vorn gezogen, in der Mitte offen gestaltet und Garanten einer guten Seitenführung. Verankert sind die Wangen über formschön designte Aluminiumscharniere an der Sitzlehne. Wie für alle Bedienelemente des Concept T kommen zudem auch im Bereich des

Extreme Karosserieform, progressives Interieur. Dahinter steht die Idee des Tiguan, ein kompaktes Fahrzeugformat perfekt für Straße und Gelände.

Tastenfeldes für die elektrische Sitzverstellung Aluminium-Komponenten zum Einsatz.

Ergonomie pur bietet das nicht mehr kreisrunde, sondern nach obenhin kaum sichtbar abgeflachte Multifunktionslenkrad. In das Lenkrad integriert wurden die Schalttasten (+/-) zum wahlweise manuellen Steuern des Automatikgetriebes. Typisch für Fahrzeugstudien der damaligen Zeit: das Head-up-Display. Die zentralen Informationen im Cockpit werden - hinter der Lenkradebene - auf Head-up-Displays projiziert. In das linke Halboval dieses Displays werden Daten wie die Fahrzeuggeschwindigkeit, die Motortemperatur und die Infos der Audioanlage eingespeist. Das rechte Halboval zeigt unter anderem die Motordrehzahl, den Tankinhalt sowie Karten- und Text-Infos des Navigationssystems an. Tacho und Drehzahlmesser heben sich dabei jeweils deutlich als separate Displays von den übrigen Anzeigen ab.

In der Ebene hinter den Displays befinden sich vier optimal einseh- und bedienbare Lenkstockhebel mit jeweils zum Fahrer hin strebenden, runden Bedienteilen und dort angelenkten, via leichtes Fingertippen zu aktivierenden Kippschaltern. Getragen werden alle Cockpitelemente von einem aus Aluminium gefertigten Grundmodul. Ebenfalls aus diesem sportlichen und hoch ästhetisch anmutenden Leichtmetall besteht die Lenkradnabe mit dem hier integrierten VW-Logo. Das Lenkrad selbst kann mit der zentralen Bedien- und Displayeinheit vertikal und horizontal eingestellt werden.

Völlig neu entwickelt wurde auch die Form der Datenkommunikation und der individuellen Einstellungen im Concept T. Unter der Bezeichnung Personal Mobility Gateway (PMG) verbirgt sich dabei eine - drahtlos gesteuerte - mobile Kommunikationseinheit, die in Form und Funktion einem PDA ähnelt. Über den PMG regeln Fahrer und Beifahrer einerseits Funktionen wie die Klimaanlagensteuerung oder die Einstellung der Sitze (alternativ zur Schaltung über den Sitz), des Lenkrades und der Außenspiegel. Andererseits übernimmt der PMG die gesamte personenbezogene Datenkommunikation. Hierzu zählen Telefon, High-Speed-Internet- und E-Mail-Zugriff sowie die Steuerung von MP3-Player und Navigationssystem. Der PMG kann aus dem Auto herausgelöst werden und dient dann als multifunktionaler PDA.

Concept T kompakt

Abmessungen	
Länge	4079 mm
Breite	1963 mm
Höhe	1450 mm
Radstand	2567 mm
Überhang vorn	826 mm
Überhang hinten	686 mm
Spurweite vorn	1620 mm
Spurweite hinten	1620 mm
Motor	
Prinzip	3.2 V6
Max. Leistung	177 kW/241 PS
Antrieb/Räder	
Getriebe	Sechsgang-Tiptronic
Achsantrieb	4MOTION-Allradantrieb
Räder vorn	9J x 19
Räder hinten	9J x 19
Reifendimension	285/45 ZR 19

CON

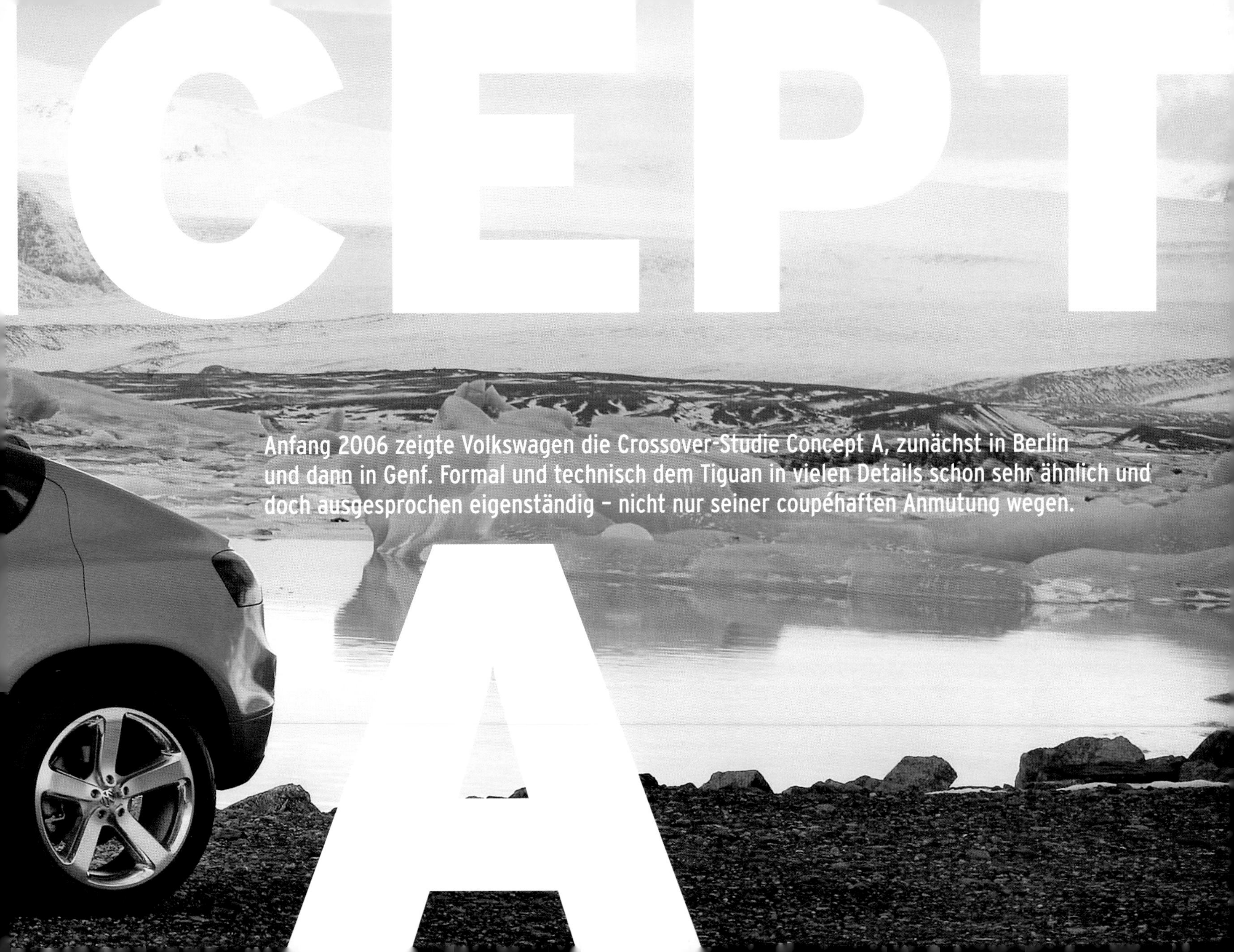

CEPT

Anfang 2006 zeigte Volkswagen die Crossover-Studie Concept A, zunächst in Berlin und dann in Genf. Formal und technisch dem Tiguan in vielen Details schon sehr ähnlich und doch ausgesprochen eigenständig – nicht nur seiner coupéhaften Anmutung wegen.

A

CONCEPT A

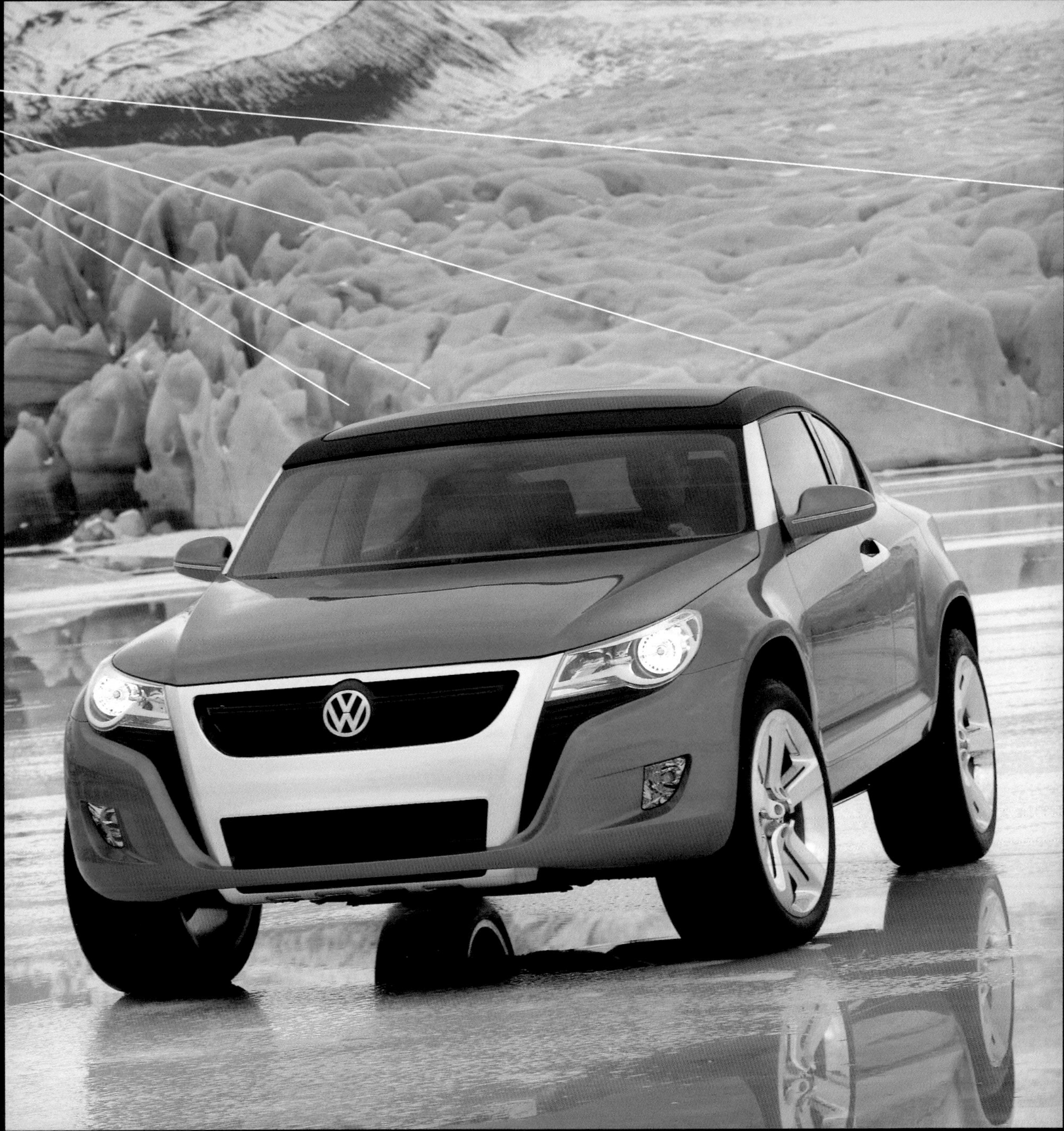

Der Concept A als Crossover
zwischen Coupé und Geländewagen.
Cooles Auto in cooler Umgebung.

B(e)reit für den großen Auftritt. 20-Zoll-Räder im klassischen Fünfspeichen-Design als Blickfang.

ISLANDS GLETSCHERWELT. PASSENDE KULISSE FÜR DEN CONCEPT A

ZWEI WELTEN

Berlin und Genf, das sind im Februar und März 2006 die prominenten Plätze, an denen der künftige Tiguan als Studie namens Concept A Station macht. In Berlin im alten Postbahnhof noch vor ausgewähltem Publikum aus Showbiz und Presse. Die rund 700 Gäste treffen auf den Concept A in einer coolen Atmosphäre aus Wasser und Eis, die das Modell schon deshalb geradezu zur Designikone stilisieren. In Genf auf dem Automobilsalon dann der große Auftritt vor aller Augen – wir sehen ein Crossover aus Sport- und Geländewagen, das einen ausgesprochen avantgardistischen Ausblick auf dieses SUV (Sport Utility Vehicle) unterhalb des Touareg liefert.

Und doch bleibt der Concept A ein echter Volkswagen, mit Allradantrieb und entsprechend besten Allround-Eigenschaften. Er ist dabei das Statement einer progressiven Designphilosophie. Seine Frontpartie mit einem neuen 3D-Wappenkühlergrill aus gebürstetem Aluminium und prägnante Scheinwerfer formen seinen sympathischen, aber souverän-progressiven Auftritt. Die Silhouette zeigt die Linien eines Coupés. Eine ausgesprochen exklusive Besonderheit: die gegeneinander angeschlagenen vorderen und hinteren Türen, die nicht nur einen äußerst bequemen Einstieg schaffen. Vielmehr ermöglicht erst diese Konstruktionsweise eine elegante, viertürige Ausführung, die ohne B-Säule auskommt.

Träume aus dem Baukasten

Die Details im Einzelnen: Außen trägt der Concept A passend zu seinem Umfeld, in dem er in Berlin präsentiert wird, den intensivblauen Farbton semitransparenter Gletscherformationen – »Glacier Metallic« der Name. Eine Beimischung von Glasflakes erhöht die Tiefe des in Klavierlacktechnik aufgebauten Lackes.

Kraftvolle Eleganz vermittelt die Heckpartie mit ihren athletischen Flanken. Zweigeteilt ist die Heckklappe; der Bereich unterhalb der Rückleuchten schwenkt im Stil einer Pick-up-Ladefläche auf und schafft so viel Raum für Großes. Ganz unten atmet der Motor über zwei runde Chromrohre aus, die dezent links und rechts außen im schmalen, schwarz gehaltenen Band des integrierten Stoßfängers sitzen.

Angetrieben wird die in Berlin gezeigte Studie von einem 110 kW (150 PS) starken Twincharger (TSI), dessen Maxime »maximaler Fahrspaß, minimaler Verbrauch« lautet. So wie das dann auch im Serienmodell Tiguan 1.4 TSI für jedermann nachvollziehbar werden sollte. Seine Kraft, egal ob aus diesem TSI oder dem ebenfalls zum Tiguan-Start verfügbaren Zweiliter-TDI mit 140 PS, gelangt wie im späteren Serienmodell mittels Sechsganggetriebe und Allradantrieb 4MOTION an die Räder, die als

Kunstobjekte. Der Wappenkühlergrill als skulpturales Element, die Rückleuchten im Wechselspiel des Lichts.

20-Zöller dem insgesamt spektakulären Format des Concept A sehr wohl entsprechen.

Der Concept A verkörpert, so formulieren es seine Väter, die Vision eines idealen Volkswagens. Eine von vielen möglichen Variationen der Zukunft. Sie alle verbindet ein Anspruch: Volkswagen wie der Concept A müssen für möglichst viele Kunden realisierbar sein und die Modellpalette sinnvoll erweitern. In dem aktuellen Spektrum reicht das vom kleinen Fox bis zum noblen Phaeton. Doch wie auch die käuflichen Modelle, etwa ein CrossPolo, Golf GTI, Golf R32, Eos oder der Passat R36, weist der Concept A den Weg, den New Beetle und das New Beetle Cabriolet in eine Zukunft mit zusehends stärker individualisierten Modellen geebnet haben.

Damit nicht genug. Zwischen die Säulen dieses Concept Car passt ebenso ein VW-Sportwagen, wie er beispielsweise bald darauf zunächst als futuristischer Iroc und dann als Serienmodell Scirocco zu sehen sein sollte. Der Concept A zeigt als Konzentrat verschiedenster Automobile, wohin die optische Reise gehen kann. Die Crossover-Studie verbindet Elemente eines kompakten SUV mit den Linien eines Sportwagens. Ein Husarenstück der Designer.

Der 2006 weltweit erstmals präsentierte Concept A begleitet somit optisch den Sprung der Marke Volkswagen in die Zukunft. Konzeptionell nutzte das Designteam eine Steilvorlage, die sich aus der immer stärkeren Defragmentierung der Segmente ergibt, die in der Praxis nur darstellbar ist, wenn aus möglichst wenig Grundtypen durch intelligente Nutzung der im Fahrzeugbaukasten vorhandenen Elemente möglichst viele individuelle Modelle entstehen. Folge: Wenn bislang SUV-Modelle den Nutzen eines Steilhecks in den Vordergrund stellten, so unterstreicht der Concept A mit seinem Coupé-ähnlichen Heckabschluss eher eine klassische Dynamik. Das Design verbindet hier die kompromisslose Eleganz eines Sportwagens mit der demonstrativen Robustheit eines Offroad-Modells. Eine Spaßmaschine mit hoher Alltagstauglichkeit, ein Sportwagen mit Reisequalitäten, ein Coupé mit Kombieigenschaften. All das versammelt unter einer Hülle, die in Länge, Breite und Höhe gerade mal 4,35 x 1,85 x 1,55 Meter misst.

Scharfe Proportionen

Die mit dem Passat und Eos eingeführte VW-Formensprache findet hier eine weitere Evolutionsstufe: Der Concept A zeigt dabei pure Dynamik. Ansteigende Linien in der Seitengrafik und der kontrollierte Wechsel von Flächen und Formen, vor allem aber sensationelle Proportionen, spiegeln diese Dynamik und Kraft wider. Wer den Wagen rundum in Augenschein

Ausgesprochen exklusiv: die gegeneinander angeschlagenen hinteren und vorderen Türen zum äußerst bequemen Einstieg.

nimmt, wird immer wieder aufs Neue spannende Modulationen und Akzente finden – das Design des Concept A spielt geradezu mit dem Licht und zeigt Größe, wo sie nicht zulasten des Konzepts geht. Einen Eindruck von Stärke vermitteln die auf einen Radstand von 2,6 Metern verteilten 295er-Reifen auf 20-Zoll-Felgen. Deren radiales Speichenmotiv vergrößert den ohnehin schon eindrucksvollen Durchmesser rein optisch weiter. Die in zwei Teilen übereinanderliegenden Speichen führen das beherrschende Thema der Dreidimensionalität fort; sie scheinen in der Felge zu schweben.

Extrem lang ist die Motorhaube, extrem kurz das Heck. Kompakt sind in jedem Fall die Karosserieüberhänge: Vorn folgen der Achse 0,93 Meter, hinten sind es nur noch 0,82 Meter. Das Volumen dazwischen wird durch ein markantes Designelement geprägt: die starke Ausformung des Seitenschwellers. Dessen konkaver Übergang in die Fläche verbindet sich mit einer Linie in Schulterhöhe. Schweller, Radläufe und Kotflügel verschmelzen hier zu einer muskulösen, spannungsgeladenen Formenvielfalt. Darüber hinaus gilt: Was im vorderen Bereich der Silhouette auf Höhe der A-Säule als dezente Linie beginnt, entwickelt sich nach hinten hin zu einer immer kräftiger modulierten Schulter im Stil sehr klassischer und zeitloser Sportwagen. Ganz formal beschrieben, fängt diese Schulterlinie das Licht ein und verleiht der harmonisch mit dem Karosseriekörper verbundenen C-Säule die eigenständige Grafik eines gestreckten Dreiecks. Subjektiv beschrieben, zeigt die unverwechselbare C-Säule Schnelligkeit und eine knackige Anlenkung in eine der wohl schärfsten und sattesten Heckpartien aller jemals von Volkswagen präsentierten Studien.

Einen Kontrast zu dieser fast sinnlichen Form bildet die grafische Strenge der Türfugen. Die Türen selbst sind – wie schon erwähnt – gegenläufig angeschlagen. Der Grund: die funktionalen Vorteile des großzügigen Einstiegs und das spektakuläre Bild der geöffneten Türflügel. Eine B-Säule wäre dabei eher hinderlich. Haptische wie formale Perfektion im Detail zeigen die zu einer optischen Einheit zusammengefassten Türgriffe beider Flügel. Ihre Außenflächen sind in gebürstetem Aluminium gehalten, während die Innenflächen eine polierte Oberfläche kennzeichnet. Visuell suggerieren die Griffe aufgrund ihrer Form und Position, der Concept A sei ein zweitüriges Coupé. Verstärkt wird dieser Eindruck durch die Dachkonturen. Flach und gestreckt überspannt das schwarz bezogene Dach die sehr niedrigen Scheiben der Sportwagensilhouette.

Prägnantes Fauchen

Bereits beim ersten Kontakt mit einem neuen Auto werden vom Betrachter in Sekundenbruchteilen über die Frontpartie alle optischen Botschaften des Fahrzeuges aufgenommen. Die Gestaltung des Concept A zeigt vorn eine neue Evolutionsstufe des seinerzeit absolut stilprägenden Volkswagen-Wappenkühlergrills. Das unter anderem vom Golf GTI und Passat her bekannte V-Thema bindet den Grill als integrales Element in die Skulptur ein. Deutlich ausgeformt entzieht es sich einer flächenbündigen Zurückhaltung und springt mit einer wohlkonzentrierten Dosis Aggression nach vorn. Im unteren Bereich wiederum taucht der Grill hinter einem filigranen, in Wagenfarbe lackierten Querträger ein. Das Bild weckt Assoziationen an eine Raubkatze, einen Geparden: schnell, athletisch, konzentriert, nicht ohne Angriffslust und doch vertraut.

Getreu dem klassischen Filmzitat »schau' mir in die Augen«, unterstreichen die leicht schräg gestellten Scheinwerfer, also die Augen dieser Katze, den ausgesprochen souveränen Auftritt des Concept A. Ein trapezförmiges Scheinwerferelement wird durch den für Volkswagen seit Käfer-Urzeiten charakteristischen Kreis durchbrochen. LEDs katapultieren das traditionsreiche Motiv der Rundscheinwerfer in die Zukunft. Den Rahmen für Grill und Scheinwerfer bilden die großen, seitlichen Stoßfängerelemente, die in ihrem unteren Verlauf das V-Thema der gesamten Frontpartie visuell perfekt auf die Spitze treiben. Dieses V zieht sich vom Unterfahrschutz über den Wappengrill und die Motorhaube mit ihren äußeren Powerdomes bis hin zu den A-Säulen durch.

Wie das Softtop eines klassischen Roadsters ragt das Dach leicht über die vergleichsweise niedrige und steile Frontscheibe. Die in Aluminium gearbeiteten Außenflächen der A-Säulen verleihen der Frontscheibe und dem Dach gleichermaßen optischen Halt. In ihrer grafischen Wirkung durch den Materialwechsel dominant gestaltet, bilden sie ein wesentliches Designmerkmal des Concept A.

Die Heckklappe des Concept A ist, wie bereits skizziert, zweiteilig ausgeführt. Die untere Hälfte kann unabhängig geöffnet werden und zum Transport langer Gegenstände wie bei einem Pick-up auch offen bleiben. Für den oberen Teil gilt: Die hier außen liegenden Scharniere dienen nicht nur als Symbol für Funktionalität und Solidität; sie sind vielmehr die technische Voraussetzung für den markant fließenden Lauf der coupéhaften Dachkontur. Die Heckklappe selbst zitiert mit der großen Scheibe und dem flachen Winkel ein sehr klassisches Sportwagen-Designelement. Die Rückleuchten nehmen in ihrer Grafik ein in diesem Bereich aktuelles

Cockpit und Mittelkonsole bilden für sich eigenständige Bereiche, die Armaturen des Concept A scheinen somit im Raum zu schweben.

typisches VW-Designthema auf: den Kreis und das Trapez. Neu ist allerdings die hier wiederum dreidimensionale Gestaltung der Rückleuchten; darüber hinaus sind sie integraler Bestandteil der atemberaubenden Schulter dieser Studie.

Luftiges Interieur

Im weitläufigen Innenraum bestimmen Licht und Luft das Raumgefühl. Das im Prinzip als Faltdach konzipierte schwarze Top schwenkt

Im weitläufigen Innenraum bestimmt der Gegensatz das Lebensgefühl. Black Reflection trifft auf Frozen Surface.

bei Bedarf bis zur C-Säule zurück. Der Innenraum ist in seiner Konzeption von einer verblüffenden Klarheit. Die vier Schalensitze bieten optimale ergonomische Eigenschaften, bauen aber dennoch platzsparend. Das Cockpit und die Mittelkonsole sind jeweils für sich eigenständige Bereiche, die frei von den Kompromissen einer zwanghaften Verbindung solitär gestaltet wurden.

Dabei verkörpert die Mittelkonsole in ihrem Volumen und der Ausprägung schon formal eine Verbindung zu Motor und Getriebe. Ideal positioniert wurde der Schalthebel. In Fahrt bildet die rechte Hand so eine direkte Linie zum Kraftfluss zwischen Motor, Getriebe und Allradantrieb. Das völlig reduziert gestaltete Cockpit hingegen scheint im Raum zu schweben. Ein zentrales Rundinstrument erlaubt die Konzentration auf das Wesentliche. Herausragend ist die formale Integration der Klimaausströmer, die hier bewusst als dominierendes Gestaltungselement eingesetzt werden. Ihre großflächige Gitterstruktur trägt Funktionselemente wie das Multi-Media-Interface.

Die Zukunft des Interieurdesigns wird begleitet sein von einem unvoreingenommenen Umgang mit den verschiedensten Materialien jeglicher Provenienz. Vertrautes neu interpretiert mischt sich provozierend mit purer Innovation. Schon die Namen sind Beweis für Mut und Fantasie: Die Armaturen sind mit schwarzem Lackleder der Bezeichnung »Black Reflection« bezogen, die Applikationen tragen den Magnesiumlack »Frozen Ice«. Die Türen und weitere Verkleidungsteile greifen auf die Farben »Black Reflection« und »Frozen Surface« (schwarzes Nubukleder und silberne Applikationen) zurück. Die hellen Mittelbahnen der Sitze sind mit dem Hightech-Stoff »Antarktica« bezogen, ein halbtransparentes und extrem atmungsaktives Gewebe. Die Sitzwangen und Beinauflagen ziert wieder schwarzes Glatt- und Wildleder. Bleibt noch der Teppich im hellen Farbton »Icekristall«, was alles sagt. Die Coolness des Concept A symbolisiert den Aufbruch in eine neue Welt, in der einfach alles möglich scheint. Es muss uns nur gefallen.

Concept A kompakt

Abmessungen	
Länge	4348 mm
Breite	1854 mm
Höhe	1551 mm
Radstand	2602 mm
Überhang vorn	925 mm
Überhang hinten	821 mm
Spurweite vorn	1546 mm
Spurweite hinten	1541 mm
Motor	
Prinzip	1.4 TSI (Twincharger)
Max. Leistung	110 kW/150 PS
Antrieb/Räder	
Getriebe	Sechsgang-Schaltgetriebe
Achsantrieb	4MOTION-Allradantrieb
Räder vorn	10J x 20 - ET 42
Räder hinten	10J x 20 - ET 28
Reifendimension	295/40 ZR 20

CONCEPT
TIGUAN

Continental

MEDIA STAR

Mit dem Concept Tiguan zeigte Volkswagen bereits Ende 2006 auf der Los Angeles Auto Show das fast fertige Modell – ein Dreivierteljahr vor der Präsentation des Serien-Tiguan auf der IAA 2007 – und nutzte den Frühstart für ein Medienspektakel, das zum Teil völlig neue Wege ging.

Üblicherweise tun sich die Automobilhersteller immer ein wenig schwer mit der vorzeitigen Veröffentlichung von Details zu einem neuen Modell. Schließlich geht es auch darum, den Verkauf des gerade noch aktuellen Vorgängers nicht unnötig zu erschweren. Ein zur Unzeit in den Medien präsenter Erlkönig kostet im Zweifel zweistellige Millionenbeträge, wenn die Marketing-Maschinerie mit Werbung und Sonderaktionen zum Modellauslauf früher als geplant starten muss. Da aber der auf der IAA 2007 präsentierte Tiguan keinen Vorgänger kannte, auf den es Rücksicht zu nehmen galt, konnte man für diese Neuerscheinung – sozusagen im Gegenzug – früher denn je das Interesse anheizen.

Eine ziemliche Besonderheit in der Automobilhistorie stellt bereits die Namensgebung des Modells dar. Noch ehe die Öffentlichkeit Ende November 2006 auf der Los Angeles Auto Show das schon reichlich realistische Gesicht des Neulings in Form des Concept Tiguan zu sehen bekam, lancierte Volkswagen im Frühsommer desselben Jahres über die große »Auto Bild«-Gruppe eine Wahl, wie das Modell denn heißen solle. Mehr als 350 000 Leser aus zehn Ländern gaben ihr Votum ab – und vor den Alternativen Nanuk, Namib, Rockton und Samun belegte mit 117 824 Stimmen der Tiguan, ein Kunstname aus den Begriffen Tiger und Leguan, souverän den ersten Platz.

Den eigentlichen Startschuss zur großen Tiguan-Parade gab Volkswagen noch vor der Eröffnung der L. A. Auto Show 2006 mit einer Riesenparty in den Raleigh Studios in West Hollywood. Rund 800 meist prominente Gäste feierten den aufgehenden Stern am SUV-Himmel, unter ihnen so klingende Namen wie Paris Hilton und Thomas Gottschalk. Wiederum war dem Tiguan, wenn er auch vorerst nur als

ZWISCHEN L. A. UND FRANKFURT EROBERTE DER TIGUAN DAS INTERNET

Concept Car gezeigt wurde, gebührende Beachtung durch die einschlägigen Medien sicher, diesmal auf noch breiterer Front. Und da der Schritt vom Concept-Modell zum realen Tiguan wirklich nicht mehr allzu groß ist, ließ sich tatsächlich alle Aufmerksamkeit, die bereits diesem Konzeptauto zuteil wurde, auch für den großen Auftritt des Tiguan auf der IAA 2007 nutzen.

Ab März 2007, also zwischen Los Angeles und Frankfurt, eroberte der Neuling sogar das Internet. Unter www.volkswagen.de/tiguan konnten Interessierte anspruchsvolle Animationen und reale Fahrszenen erleben sowie exklusive Download-Möglichkeiten nutzen. Ein weltweites Spektakel in nahezu 50 Ländern, in das man sich über die jeweiligen landeseigenen Volkswagen-Websites in der Heimatsprache einloggte und das sich auf der sogenannten Tiguan-Base abspielte. Die »Base«, das war ein virtuelles Gebäude, in dem sich in fünf Stufen die Entwicklung des Tiguan vom Showcar bis zum Serienfahrzeug verfolgen ließ. Je näher die Markteinführung des kleinen Bruders des Touareg rückte, desto mehr Informationen wurden über das reale Serienfahrzeug preisgegeben.

So erfuhr die Welt frühzeitig vom Werden des neuen Tiguan, und schon das Concept-Modell zeigte ein Design voller Kraft und Klarheit. Es transferierte gewissermaßen die Touareg-Idee in eine andere, kleinere Klasse. Diese Beschränkung in der Größe ist zumal in Zeiten, in denen uns die Begrenztheit der Energieressourcen und die Notwendigkeit niedrigster Schadstoffemissionen deutlicher denn je vor Augen geführt werden, sicher kein schlechter Ansatz.

Im Sinne bestmöglicher Umweltverträglichkeit wagte der Concept-Tiguan sogar einen weiteren Schritt in die Zukunft als es die nachfolgenden ersten Serien-Tiguans taten. Denn unter seiner Haube steckte in Los Angeles ein »BlueTDI«, der zunächst als »Clean TDI« und davor unter dem Label BLUETEC, einer gemeinsamen Initiative mit Audi und Mercedes, als »sauberster Diesel aller Zeiten« ebenfalls auf der L. A. Show 2006 angekündigt wurde, ehe sich Volkswagen dann doch wieder auf das noch einprägsamere Kürzel TDI besann, das nun auch für diese Hightech-Dieselmotoren der nächsten Generation steht.

Clou des BlueTDI ist sein modulares Konzept verschiedener Systeme, um die Schadstoffemissionen noch einmal deutlich zu senken und damit die ultrastrengen kalifornischen Abgasgrenzwerte nach »Tier2/Bin5« zu erfüllen, ohne deren Einhaltung der Diesel zumindest in den USA keine Zukunftschance hätte. Größere Modelle benötigen dafür sogar einen sogenannten SCR-Kat (Selective Catalytic Reduction), zu dessen wirkungsvollem Betrieb aus einem zusätzlichen Tank vor dem Katalysator Harnstoff in den Abgasstrang eingespritzt wird. Kleinere Fahrzeuge bis ungefähr zur Klasse des Tiguan

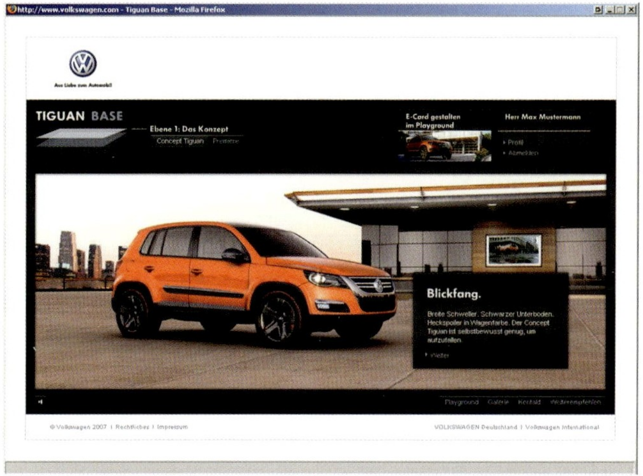

Der Concept-Tiguan auf Volkswagens »Base« im Internet. Anspruchsvolle Animationen und exklusive Downloads weltweit.

Das Heck des Tiguan zeigt in fast allen Details, wie etwa den Rückleuchten, die Form des späteren Originals.

kommen mit einiger Sicherheit bereits mit einem etwas weniger aufwendigen NOX-Speicherkat aus und erreichen so für das gesamte System eine Reduzierung der Stickoxid-Emissionen von gut 90 Prozent, verglichen mit heute bekannten Fahrzeugen.

Unabhängig vom umweltschonenden Charakter des TDI-Motors, erfreute das Publikum das Design, das Klaus Bischoff, Leiter des Volkswagen Design Centers Wolfsburg, so skizzierte: »Ganz wichtig war uns, dass die SUV-Studie kräftig aussieht. Muskulös. Das hatte für uns eine höhere Priorität als alles andere. Ein Offroader braucht eine lange Motorhaube und eine aufrechte Statur. Das gibt dem Fahrzeug Selbstbewusstsein und Kraft.« Diese Anmutung gilt freilich auch für die Serienversion. Aber die Studie bietet doch, wie könnte es anders sein, ein paar Showelemente mehr. Sei es die optisch spektakuläre LED-Lichttechnik an der Fahrzeugfront oder der dickere Heckspoiler und die auffällige Schürze mit der darin integrierten Doppelabgasanlage. Andererseits sind wesentliche Elemente bereits konsequent wie in der Serie umgesetzt. Von vorn betrachtet etwa die Art, wie die Scheinwerfer mit dem Wappengrill und dem Stoßfänger eine Einheit bilden und die Motorhaube die Kontur der Scheinwerfer anschneidet und damit dem Gesicht einen sehr konzentrierten Blick gibt. Oder von der Seite gesehen die Fenstergrafik, die markant abgeflachten Kotflügel und die prägnante C-Säule. Nicht minder kraftvoll die Gestaltung der Heckpartie mit der in den Stoßfänger hineinreichenden Linienführung der Heckklappe und der Form der Rückleuchten.

Da es sich beim Concept-Tiguan aber nach wie vor um eine Studie handelte, durften die Designer beispielsweise in Sachen Reifen neue Wege gehen. Die 19-Zöller wurden von Continental eigens für diesen Prototypen entwickelt: Sie weisen einen orangefarbenen und damit auf die Lackierung des Concept-Tiguan abgestimmten Laufstreifen unterhalb des Profils auf, der das Schwarz der V-förmig zu den Flanken aufsteigenden Profilblöcke entsprechend wirkungsvoll zur Geltung bringt. Dieser orangefarbene Laufstreifen ist nicht einfach lackiert, sondern als durchgefärbte Gummischicht »eingebackener« Bestandteil der Karkasse. Der auch in der Silhouette noch sichtbare Streifen betont zusätzlich die Größe der Pneus. Die im gleichen Anthrazit wie die Karosserieverkleidungen gehaltenen 19-Zoll-Leichtmetallfelgen bezeichnete Volkswagen seinerzeit als konkreten Vorschlag für das spätere Serienfahrzeug, der sich

Klaus Bischoff, Leiter des Volkswagen Design Centers: »Ein Offroader braucht eine lange Motorhaube und eine aufrechte Statur. Das gibt dem Fahrzeug Selbstbewusstsein und Kraft.«

KONZENTRIERTER BLICK, MUSKULÖSE STATUR

Das Concept-Interieur zeigt bereits einen seriennahen Blick auf den Tiguan mit seiner bewusst am Golf Plus orientierten Armaturentafel.

natürlich jederzeit in jeder Zollgröße in die Tat umsetzen lässt.

Wie nah der Concept-Tiguan bereits dem realen Modell stand, zeigt sich nicht nur an den nahezu identischen Abmessungen in Länge x Breite x Höhe von 4,40 x 1,85 x 1,69 Meter, sondern auch an so hübschen Details wie dem heute tatsächlich als Extra bestellbaren zweigeteilten Panorama-Schiebedach für optimalen Tageslichteinfall und ein cabrioähnliches Raumgefühl. Mit seiner im Vergleich zu herkömmlichen Schiebedächern dreifach größeren Glasfläche bietet das Panoramateil eine 1,5-fach größere Öffnungsfläche. Absolut serienmäßig auch die schon im Showmobil installierte Allrad-Antriebseinheit. Unterm Blech folglich solide und bewährte 4MOTION-Technik, die für die Anwendung im Kompakt-Offroader-Bereich auf zusätzliche Sperren oder Untersetzungsgetriebe verzichten kann. So beherrscht der Tiguan auch im Konzeptstadium genauso wie das spätere Original den Ritt durch beide Welten - die der asphaltierten und die der naturbelassenen Pfade.

Ziemliche Seriennähe auch im Innenraum des Concept-Tiguan. Was etwa die Gestaltung der Armaturentafel betrifft, so lässt bereits im Konzeptmodell der Golf Plus namentlich in der Cross-Version mit seinen silberfarbenen Armaturen-Applikationen grüßen, was letzten Endes auch die Verwandtschaft zum Wolfsburger Bestseller der fünften Generation unterstreicht. Selbst die Konstruktion der Rückbank zeigt schon mit ihrer asymmetrischen Teilung und der Möglichkeit, sie längs zu verschieben, ganz konkret den nicht zuletzt praktischen Charakter des späteren Tiguan.

Gleichwohl bleibt auch innen genügend Platz zur angemessenen Differenzierung eines Showmobils gegenüber der künftigen Serie. Die Studie ist daher in Sachen Interieur exklusiv in Schwarz, Silber und Orange gehalten. Schwarz sind unter anderem die Ledersitze, aber mit auffällig orange gemusterter Prägung von Lehne und Sitzfläche, die gewissermaßen das Muster des Reifenprofils zitieren, schwarz die zum Teil ebenfalls mit Leder im Vintage-Look verkleideten Armaturen, die Türverkleidungen und das Lederlenkrad. Silber sind die Armaturen-Applikationen sowie die Türgriffe und -öffner, orange alle Ledernähte.

Was bleibt, ist die Erkenntnis, dass ein Showcar selten so nahe an der Realität der Serie angesiedelt war - und dabei so richtig Appetit auf das Original gemacht hat.

Gegenwart, Zukunft und Fiktion verschmelzen im Concept Tiguan zum überzeugenden Ganzen - das seriennahe SUV mit BlueTDI und orangefarbenen Laufstreifen unterm Conti-Profil.

CALIFORNIA FEELING UNTERM GLASDACH, SONNE IM RÜCKEN

SCHEIN UND SEIN

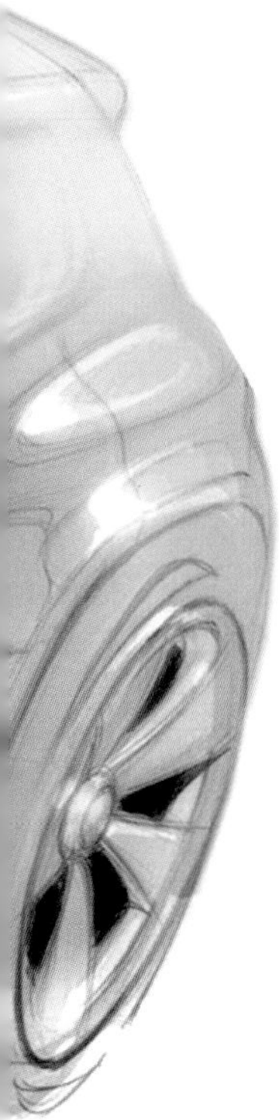

In der Konzeptphase des Tiguan schufen seine Designer das SUV zum Träumen. Die Kunst der Übertreibung als Mittel zum Zweck.

Wie dürfen wir uns den Job eines Automobildesigners vorstellen? Ist das der Künstler, der tagein tagaus schöne Bilder malt und Skulpturen auf Rädern schafft? Keinesfalls, selbst wenn die Entwürfe gelegentlich so genial erscheinen, dass man sie sich gerne rahmen und an die Wand hängen würde. Zuallererst dies: Es gibt viele Designer, die mit fester Anstellung in der Automobilindustrie ihrer Berufung nachgehen, die aber nie in ihrem Leben ein Auto entwerfen werden, wie es dann tatsächlich in Serie geht. Stattdessen zeichnen sie Armaturen, Sitze oder Felgen in der Hoffnung, das eine oder andere Element im fertigen Fahrzeug wiederzusehen. Dennoch liefern sie wichtige Teilansichten eines Gesamtbildes, das nur dann stimmig erscheint, wenn das auch für jede Einzelheit gilt.

Wichtiger noch: Designer sind mindestens so sehr Techniker wie Visionäre, die immer seltener mit dem Zeichenstift arbeiten, dafür aber ein immer stärkeres Verständnis für die technischen Zusammenhänge mitbringen müssen, die unsere Autos in Bewegung halten. Was nützt es, stilvolle Fronten zu entwerfen, durch die nicht genügend Kühlung zum Motor gelangt, füllige Räder zu zeichnen, wenn der Freigang in den Radhäusern nicht gewährleistet ist, und Dachlinien derart kühn nach innen zu ziehen, dass der Überlebensraum für die Passagiere im Falle eines Überschlags nicht ausreicht? Die Kunst besteht vielmehr darin, trotz der vielen Einschränkungen hinsichtlich Technik und Budget ein Design zu kreieren, das die Wünsche der potenziellen Kunden mit einer Leichtigkeit auf den Punkt bringt, sodass am Ende doch alles ganz mühelos aussieht.

Und noch ein Problem: Automobildesignern fehlt häufig die öffentliche Anerkennung, denn die meisten von ihnen arbeiten hinter verschlos-

Schmale Fensterlinie, XXL-Räder und übergroße Rückleuchten zeigen dennoch die Seele des Tiguan.

senen Türen. Nur ein Bruchteil ihres Schaffens gelangt jemals nach draußen. Sei es, weil eine Idee, die mit einem neuen Modell geboren wurde, sozusagen vertagt und erst später umgesetzt wird. Sei es, um nicht Wünsche zu wecken, die in der Serie einfach nicht erfüllbar sind.

Insofern darf man die Veröffentlichung von – wenn auch nur wenigen – Designentwürfen zum neuen Tiguan fast schon mutig nennen. Denn sie zeigen uns keineswegs ein reales Abbild des neuen Modells, sondern eben genau jene stilistischen Fingerübungen, wie sie am Anfang der Phase der Formfindung gemacht werden. Allen geschilderten Einschränkungen zum Trotz: Da darf doch auch mal gegen das Prinzip der Machbarkeit verstoßen und im übertragenen Sinne mit dem dicken Kohlestift überzeichnet werden. Vielleicht gerade deshalb, um das Anliegen des künftigen Modells noch besser zu verdeutlichen. So sehen wir in der Schräganansicht von hinten eine in Relation zur Gesamthöhe schmalere Fensterlinie als in der Realität und in XXL dimensionierte Räder, die regelrecht über die Kotflügellinie hinauszutreten scheinen. Dennoch vermitteln die Elemente die zutreffende Botschaft. Große Radformate dienen schließlich auch einer entsprechenden Bodenfreiheit für den Geländeausflug. Und die nicht ganz korrekte Proportionalität betont den kraftvollen Körper dieses SUV genauso wie die markant ausgestellten Radhäuser. Deren Öffnung umschließt das Rad nicht konzentrisch, sondern gewährt durch den eher eckigen Ausschnitt den Rädern jenen Freiraum, der unter extremen Bedingungen auch wirklich erforderlich sein könnte. Neben dem eigenwilligen Umriss fällt der glatte, horizontale Abschluss der Kotflügel auf, wie das dann ja auch am echten Tiguan zu sehen ist. Unverhältnismäßig groß, gemessen an der späteren Ausführung, und doch realitätsnah sind die Rückleuchten als wichtige grafische Verbindung zwischen Heck- und Seitenansicht. Dabei zitieren die Hecklichter das bekannte Thema eines von der Kreisform durchzogenen waagerechten Trapezes.

Die direkte Draufsicht auf die Front aus erhabener Perspektive zeigt uns überdeutlich die doppelte Linienführung des Tiguan, die sein Gesicht so unverwechselbar macht. Zum einen die

Kontur ausgehend von der A-Säule über die Motorhaube hinweg hinein in den Kühlergrill mit seinem vergleichsweise dominanten VW-Emblem. Zum anderen darunter liegend die dreidimensionale Ausformung eines Schwungs, der seitlich der schmal geschnittenen Scheinwerfer ansetzt, in einem sanften Knick abfällt, dann fast waagerecht ausläuft und solchermaßen einen entschlossenen Gesichtsausdruck prägt, wie er auch für den wahren Tiguan so typisch erscheint. Kleiner Gag am Rande: Der Entwurf verweist auf den speziellen Conti-Reifen mit farbigen Laufstreifen, wie er am Concept-Tiguan Ende 2006 auf der Los Angeles Auto Show präsentiert wurde. Ein Hoffnungsschimmer für die Designer? Müssen sie doch in der rauen Wirklichkeit bis heute damit leben, dass Reifen schwarz und rund sind und sich damit Verschönerungsversuchen, die über die Profilgestaltung hinausgehen, nach wie vor entziehen.

Eine Meisterleistung zwischen Design und Sein ist sicherlich die Ansicht von schräg oben, an der sogar der Urheber, Andreas Mindt, sein Signet hinterlassen durfte, wie es die Abbildung auf der linken Seite zeigt. Dieser Entwurf schlägt überzeugend die Brücke zum großen Bruder Touareg, der anfänglich ganz allein die charakteristische Formensprache und Designmotive der Volkswagen-SUV definiert hat. Hier zeigt sich insbesondere die in der Kompaktklasse nicht selbstverständliche Betonung der Motorhaube als Stilmittel für den Ausdruck von Kraft und beherrschter Leistung. Neben diesen Gemeinsamkeiten beweisen freilich bereits die Tiguan-Designstudien auch dessen modellspezifische Eigenständigkeit. Grundthema ist seine kultivierte »Toughness«. Gekonnt werden tradierte Formelemente der Offroad-Welt zeitgemäß skulptural übersetzt. Gern zitiert wird hier das Bild einer über gestraffte Muskeln gespannten Haut, ein Symbol für Kraft und Robustheit.

Nur selten verlassen Designzeichnungen neuer Modelle die Ateliers der Automobilhersteller. Für den neuen Tiguan machte Volkswagen eine kleine, wohlüberlegte Ausnahme.

Der besondere Charme des Tiguan-Designs offenbart sich schon in den Entwürfen gerade in der Balance zwischen den Ausdrucksmitteln der Offroad- und der Onroad-Welt. Mit einer partiell angedeuteten Eleganz werden die nativen Kontraste eines SUV gekonnt austariert. So kommunizieren schon die Designskizzen die Persönlichkeit des Tiguan: ein sportlich-dynamischer Allrounder mit einer wohldosierten Prise Eleganz.

FÜNF STERNE

Rundum gepolstert mit Front-, Seiten- und Kopfairbags, optimal konstruierte Deformationszonen für den passiven Schutz von Insassen und Fußgängern sowie zur aktiven Sicherheit bestens präpariert mit ESP & Co – der Tiguan ist das sicherste Fahrzeug seiner Klasse.

Noch vor der Markteinführung des Tiguan, der in der ersten Novemberhälfte des Jahres 2007 zu den Händlern kam, hatte die europäische Verbraucherschutz-Organisation Euro NCAP (European New Car Assessment Programme) das Modell auf seine Fahrzeugsicherheit getestet. Und das Ergebnis ist – fast möchte man sagen: wie könnte es anders sein – erstklassig. Der Tiguan schneidet mit dem besten Gesamtergebnis bei den kompakten SUV ab. Damit setzt er die gute Tradition fort, die durch Golf, Touran, Passat und Touareg bereits vorgegeben war.

Bei der Beurteilung von Euro NCAP werden insgesamt drei Sicherheitsfelder bewertet: Das sind neben dem Insassenschutz die Kindersicherheit und der Fußgängerschutz. Der Tiguan erhält für den Insassenschutz das bestmögliche Prädikat: fünf Sterne. Für die Kindersicherheit gibt es vier und für den Fußgängerschutz zwei Sterne. Und mit diesem Ergebnis führt der Tiguan die Gesamtbewertung seiner Klasse an.

Gründe für das mustergültige Sicherheitspotenzial des neuen Tiguan sind seine Karosseriestruktur mit hoher Festigkeit (stabile Fahrgastzelle), rundum Energie aufnehmende Deformationszonen und darauf abgestimmte Schutzsysteme. Für den Tiguan wurde das Konzept des profilintensiven Leichtbaus mit Einsatz formgehärteter, höchstfester Bleche gewählt. Die in Schalenbauweise ausgeführte Stahlkarosserie bietet auch den Insassen unter Crashbedingungen optimalen Schutz. So weist die Fahrgastzelle bei allen standardisierten Frontalcrasharten nur sehr geringe Intrusionen auf. Beim Seitencrash ist die B-Säule die wichtigste Strukturkomponente. Sie leitet

TIGUAN
TIGUAN

Türverstärkungen für optimalen Seitenschutz, beim Frontalcrash öffnen sich die Airbags zuverlässig.

als zentraler Lastverteiler die auftretenden Kräfte zum Schweller und zum Dachrahmen. Auch die Heckstruktur des Tiguan wurde durch den Einsatz von hochfesten und profilstarken Längsträgern verstärkt. Zur hervorragenden Sicherheit tragen aber auch die zahlreiche Fahrerassistenzsysteme wie ESP inklusive Bremsassistent, ABS, ASR, EDS sowie Gespannstabilisierung bei.

Im Innern sorgt das abgestimmte Zusammenspiel von Karosserie und Rückhaltesystemen im Falle eines Unfalls für geringe Insassenbelastungen. Auf allen Sitzplätzen gehören Dreipunkt-Automatikgurte selbstverständlich zur Serienausstattung. Auf den vorderen und den hinteren äußeren Sitzplätzen sind zudem Gurtkraftbegrenzer zur Reduzierung der Brustbelastungen integriert. Vorn sorgen überdies elektronisch aktivierte Gurtstraffer für eine bestmögliche Ausnutzung des vorhandenen Schutzraums. Optimalen Schutz für Fahrer und Beifahrer im Frontalaufprall bringen die Frontairbags in Kombination mit dem Gurtrückhaltesystem. Die komplett neu entwickelten Vordersitze mit ihren Kopfstützen sind speziell auf einen umfangreichen Schutz vor Halsverletzungen beim Heckaufprall ausgelegt. Die Sicherheit für Kinder wird durch serienmäßige Isofix-Verankerungen auf den hinteren Sitzplätzen komplettiert. Außerdem kann der Beifahrer-Airbag über einen Schlüsselschalter deaktiviert werden. Damit ist es möglich, einen Reboardsitz für Kleinkinder auf der Beifahrerseite zu montieren. Der Status wird dem Fahrer über eine Anzeige gemeldet. Serienmäßige Kopfairbags und in der Sitzlehne grundsätzlich integrierte Seitenairbags vorn sowie optionale Seitenairbags samt Gurtstraffer für die hinteren äußeren Sitzplätze machen den Tiguan rundum sicher.

Hochmodern bei alledem das Airbag-Auslösesystem: Es besteht aus einem Airbag-Steuergerät im vorderen Bereich des Rahmentunnels mit drei internen Beschleunigungssensoren (zwei Sensoren in Fahrzeuglängsrichtung und einem in Fahrzeugquerrichtung) sowie vier Satellitensensoren für die Seitencrash-Erkennung. Zwei der Satellitensensoren sind als Drucksensoren ausgelegt und befinden sich in den beiden Vordertüren. Im Verlauf einer Seitenkollision messen diese Sensoren den durch die Deformation der Vordertüren verursachten Luftdruckanstieg. Bei Kollisionen, die unmittelbar die Vordertüren beschädigen, ist dieses Konzept wesentlich schneller und robuster als die herkömmliche Messung der Fahrzeugquerbeschleunigung. Zwei Beschleunigungssensoren befinden sich zudem im unteren Bereich der C-Säule, um auch Seitenkollisionen zu erkennen, bei denen die Vordertüren nicht deformiert werden. Seitenkollisionen, die ausschließlich den Vorderwagen betreffen, werden über die im Airbag-Steuergerät gemessene Fahrzeugquerbeschleunigung erkannt. Eine Heckcrash-Erkennung erfolgt mittels der beiden im Airbag-Steuergerät integrierten Beschleunigungssensoren in Fahrzeuglängsrichtung.

Neben der Auslösung der schützenden Rückhaltesysteme, der Gurtstraffer und Airbags kommuniziert das Airbag-Auslösesystem des Tiguan mit anderen Steuergeräten: So wird im Fall des Falles der Warnblinker aktiviert, verriegelte Türen werden entriegelt, das Innenraumlicht wird angeschaltet und die Kraftstoffpumpe ausgeschaltet.

Bei der Entwicklung des Tiguan spielte aber auch der Fußgängerschutz von Anfang an eine große Rolle. Alle relevanten Teile der Fahrzeugfront wurden darauf ausgelegt, und speziell die Innenblechstruktur der Motorhaube ist für den Fußgängerschutz optimiert worden. So ist etwa unter der Stoßfängerabdeckung ein speziell konzipierter weicher Schaumkörper verbaut. Gemeinsam mit einem zusätzlichen Querträger soll er vor allem die Schwere der Beinverletzungen reduzieren.

Beim Euro NCAP-Test schneidet der Tiguan erstklassig ab. Vor versammelter Konkurrenz liefert er im Segment der kompakten SUV nämlich das beste Gesamtergebnis.

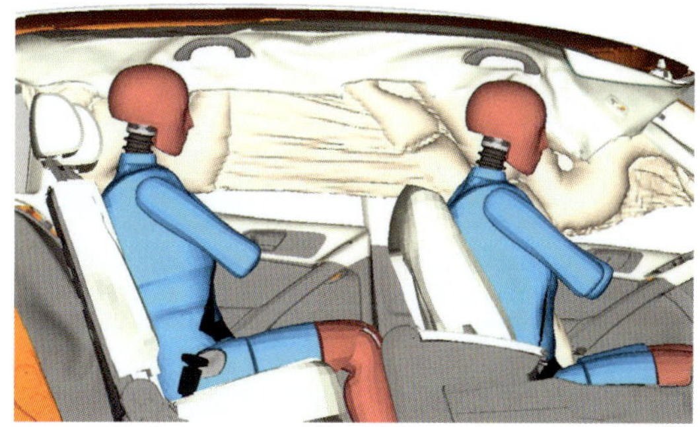

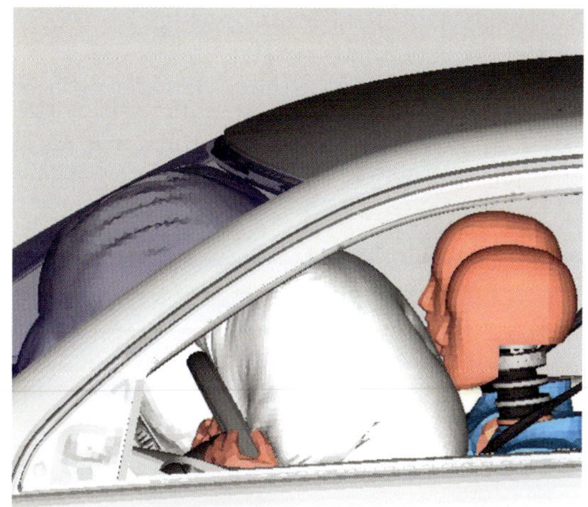

Perfektes Zusammenspiel in Millisekunden. Die Kopfairbags bilden einen Vorhang, die Frontairbags ein Kissen.

HEISSKALT

Eis und klirrende Kälte jenseits des Polarkreises, Schotter und Gluthitze in Namibias Wüste – der Tiguan auf Testfahrt in den entlegensten Winkeln der Welt.

Vor dem Serienstart eines jeden neuen Automodells steht jahrelange, Milliarden Euro teure Entwicklungsarbeit. Trotz gewaltiger Zeit, Ressourcen und somit auch Geld sparender Fortschritte in der computerunterstützten Simulation aller Entwicklungsprozesse vom Design über die Konstruktion bis hin zur Produktion sind die Aufgaben gewachsen und deren Lösungen keineswegs einfacher geworden. Denn mit jedem noch anspruchsvoller formulierten Entwicklungsziel, mit jeder zusätzlichen Vorschrift vervielfachen sich die offenen Fragen, die stets im Hinblick auf das von Mal zu Mal komplexere neue Produkt zu beantworten sind. Am Ende steht daher nach wie vor immer noch die Praxiserprobung, um all die Berechnungen und theoretischen Überlegungen zu bestätigen. Zunächst von Teilkomponenten, die ein Automobilhersteller ohne große Geheimhaltungsvorkehrungen ausprobieren kann – auf öffentlichen Straßen unerkannt in bereits bekannten Serienfahrzeugen. Oder aber an realen Prototypen auf dem hauseigenen Testgelände beziehungsweise weltweit auf Renn- und Teststrecken, die dann eben vor allzu neugierigen Blicken abgeschirmt werden. Aber irgendwann müssen die geheimen Erlkönige doch raus in die freie Wildbahn. Sei es, weil sie noch mehr Auslauf als im geschützten Areal benötigen. Sei es, weil dort die topografischen und klimatischen Bedingungen nicht alle Unwägbarkeiten abbilden, denen die weltweit verkauften Modelle später ausgesetzt sein werden. Es trifft sich gut, dass Landstriche der Extreme meist ziemlich menschenleer sind und sich dort mit Blick auf die Erprobung neuer Fahrzeuge eigentlich nur Ingenieure, Techniker, Testfahrer und sogenannte Erlkönig-Jäger tummeln. Da mag es schon mal vorkommen, dass Automobilhersteller den Abschuss eines neuen Modells ausnahmsweise sogar augenzwinkernd tolerieren, zu einem Zeitpunkt, zu dem das be-

Voller Grip auf der Schneepiste
im Tiguan Track & Field.

Extremtour im Tiguan von
Arjeplog bis zum Gamsberg.

VERSCHÄRFTER TESTBETRIEB. JEDER KILOMETER ZÄHLT ZEHNFACH

Nasse Reifen, trockene Füße. Dank Allrad pflügt der Tiguan auch durchs nicht allzu tiefe Wasser.

Hoch das Bein. Für den extrem verwindungssteifen Aufbau des Tiguan eine eher leichte Übung.

reits ganz gut ins Konzept der Einführungsstrategie passt. Was freilich nicht heißt, dass man sich vor den Fotografen mit den superlangen, lichtstarken Objektiven nicht doch in Acht nähme. Man weiß nie, ob sie sich auch immer an die Abmachungen halten, weshalb in aller Regel die Erlkönige durch Verklebungen und Karosserieanbauten ziemlich unkenntlich sind. Und natürlich reisen sie meist ohne Hoheitszeichen, sprich Markenembleme, was deren Identifizierung gelegentlich stärker erschwert, als man gemeinhin annehmen würde.

Arjeplog, Arvidsjaur oder Jokkmokk, so heißen zum Beispiel kleine Orte in Schweden am Polarkreis, in denen die Auto-, Zubehör- und Reifenindustrie regelrechte Testcenter auf abgesperrtem Gelände unterhält, wo aber auch in den einsamen weiten Wäldern und auf winterlich zugefrorenen Seen Erprobungsfahrten unternommen werden. Oft unter derart verschärften Bedingungen, dass jeder Testkilometer der mindestens zehnfachen Distanz im Autoalltag entspricht. Was wichtig ist, denn Dauerläufe kosten Zeit, die angesichts stetig schnellerer Entwicklungszyklen neuer Modelle immer wertvoller wird. Das ist im Übrigen auch ein Grund, warum europäische Automobilhersteller ihre Wintertests fast noch lieber in sogenannten »Kaltländern« wie Nordskandinavien als in Übersee absolvieren. Man bewegt sich nämlich auf etwa demselben geografischen Längengrad wie in den Konzernzentralen und kann somit ohne lästige Zeitverschiebung mit den zu Hause gebliebenen Kollegen der Forschung und Entwicklung aktuelle Messergebnisse und technische Probleme diskutieren.

Dieser Zeitfaktor erklärt zumindest teilweise, warum auch Namibia und Südafrika – im Branchenjargon »Heißländer« genannt – für Extremtests von Prototypen unter hochsommerlichen Bedingungen so beliebt sind. Aber nicht nur deshalb. Mit Fotoapparat bewehrte Eindringlinge sieht man hier noch seltener als etwa im wüstenartigen, von Touristen aber ziemlich überlaufenen Death Valley, USA. Und die afrikanischen Locations liefern nahezu alles, was das Testerherz begehrt. Überraschend gut ausgebaute, leere Straßen sowie topfebene Wüstenpisten für wahre Kilometermarathons ebenso wie ausgetrocknete, steinige Flussbetten und steile, gewundene Schotterstrecken für extremen Geländeeinsatz unter gnadenlos brennender Sonne. Zudem ist die Infrastruktur mit ausreichend großen Flughäfen in Südafrika für den schnellen Lufttransport unersetzlicher Prototypen und die Versorgung mit zufriedenstellender Kraftstoffqualität vor Ort derart gut, dass zum Beispiel Audi in Namibia – unbestätigten Berichten zufolge – sogar ein eigenes Testcenter errichtet hat.

Wie wohl sich offenbar auch die Volkswagen-Mannschaft im Süden des afrikanischen Kontinents fühlt, belegt nicht zuletzt der letzte Extremtest des Tiguan vor der Serienfreigabe im Frühsommer 2007. Die entsprechenden Abnahmefahrten am rund 2350 Meter hohen Gamsberg, dem dritthöchsten Berg Namibias, wurden nicht nur vom Volkswagen-Entwicklungsvorstand Dr. Ulrich Hackenberg höchstpersönlich begleitet, was in Anbetracht der Bedeutung des Tiguan für die Marke Volkswagen logisch erscheint. Vielmehr durfte auch noch – ganz entgegen den üblichen Gepflogenheiten – eine ausgewählte Gruppe von Journalisten an diesem Ausflug teilnehmen. Ein wohlüberlegter Schritt in der Kommunikationsstrategie, um dem Thema Tiguan vor der Präsentation auf der IAA nochmals neuerlichen Schub zu verleihen.

Gleichwohl war dieses Ereignis für Wolfsburgs kompaktes SUV durchaus eine echte Bewährungsprobe und keine bloße Show für die Journaille. Üblicherweise geht es bei solchen Abnahmefahrten ein letztes Mal ganz besonders um den Feinschliff an der Fahrwerksabstimmung. So auch in diesem Falle, als der Tiguan abschließend unter Beweis stellen musste, dass sein bekanntlich neutrales bis leicht untersteuerndes Handling und seine geringe Wankneigung den Bedürfnissen der anspruchsvollen VW-Klientel genügen. Darüber hinaus sollte auf den Schlaglochpisten am Rande der Wüste Namib einmal mehr untersucht werden, wie gut das Zusammenspiel von höchster Fahrdynamik und bestem Schwingungskomfort unter härtesten Bedingungen funktioniert. Denn die Anforderungen an den neuen Wagen waren im Lastenheft klar definiert: Benchmark in Sachen Dynamik, Komfort und aktive Sicherheit. Dabei standen folgende Ziele bei der Fahrwerksentwicklung im Vordergrund: agiles Fahrverhalten, sehr guter Schwingungs- und Rollkomfort, geringe Wankwinkel mit harmonischer Wankdynamik, hohe fahrdynamische Stabilität und gute Geländegängigkeit.

Wie wir heute aus eigener Anschauung wissen, hat der Tiguan sein Klassenziel souverän erreicht – und zwar mit dem von Golf und Passat übernommenen, aber auf die speziellen SUV-Verhältnisse adaptierten Fahrwerkslayout mit McPherson-Vorderachse samt unten liegenden Dreiecks-Querlenkern und radführenden Federbeinen sowie der Vierlenkerhinterachse, die ideal auf den permanenten Allradantrieb 4MOTION abgestimmt wurde. Angesichts des harten Offroad-Einsatzes wurde aber die Hinterachse anstelle eines Hilfsrahmens aus Alu mit einem gänzlich neu entwickelten und ebenfalls gewichtsoptimierten Pendant aus hochfesten Stählen versehen. Für die Hinterachse werden zudem neu entwickelte Schwingungsdämpfer mit erhöhtem Ölvolumen eingesetzt; das günstige Temperaturniveau macht die Dämpfer selbst für härteste Offroad-Fahrten fit. Wie die ebenfalls neuartigen Dämpferbeine der Vorderachse sorgen beide Bauteile bei unterschiedlichsten Straßenverhältnissen für ausgesprochen gute Komforteigenschaften.

Auch die komplett neu entwickelte elektromechanische Servolenkung wurde auf den Testfahrten in Namibia nochmals kräftig durchgerüttelt. Entscheidender Vorteil des Systems: Trotz eines sehr präzisen Lenkgefühls werden dank des neu konstruierten Lenkgetriebes selbst im Offroad-Betrieb keinerlei Stöße mehr an die Lenkung übertragen. Nicht minder wichtig die

DOWNHILL IM OFFROAD-MODUS MIT OPTIMALER KONTROLLE

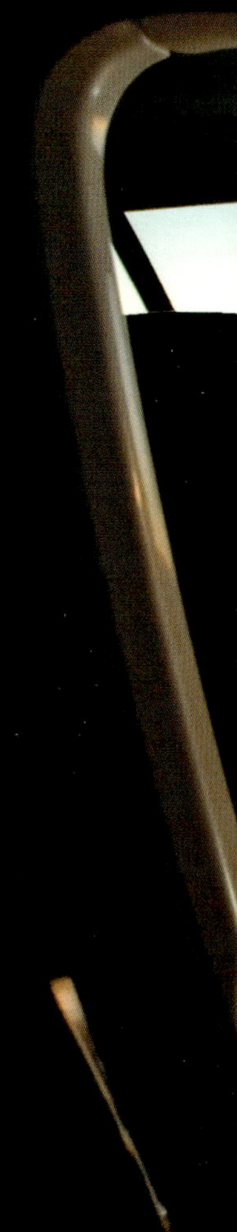

VOLL ZUFRIEDEN.

Tiguan-Testcrew konzentriert bei der Arbeit. Kein Auge für die Schönheit des namibischen Sonnenuntergangs.

FULL SPEED AUF DER LETZTEN TESTTOUR DURCH HITZE UND SAND

Frage nach der sicheren Funktion der nicht zuletzt auch mit dem Fahrwerk eng vernetzten Elektronikbauteile. Denn damals noch gänzlich neue Elektroniksysteme erleichtern die Geländefahrten mit dem Tiguan. So kommt erstmals unter der Bezeichnung »Offroad-Modus« speziell für die Ausstattungsvariante Track & Field eine geradezu geniale Vernetzung von Assistenzsystemen zum Einsatz. Mit nur einem Druck des Offroad-Tasters wird gleich eine ganze Armada von Sicherheitsfeatures aktiv, die dem Fahrer in vielen Situationen unterstützend zur Seite steht. Dabei geht es um die Idee, alle wichtigen Hilfen mit einem einzigen, zentralen Bedienelement einzuschalten, höchst komfortabel per Elektronik zu sortieren und derart zu perfektionieren, dass die Beherrschbarkeit des Fahrzeuges im Gelände besonders für Offroad-Laien - also die Mehrzahl der Tiguan-Kunden - signifikant verbessert wird.

Im Detail werden auf einen Schlag der »Bergabfahrassistent« (optimale Kontrolle im Gefälle), eine »Anpassung der Fahrpedalcharakteristik« (feinere Dosierbarkeit des Drehmoments), die »EDS-Anpassung« (Elektronische Differenzialsperren werden bei geringstem Schlupf aktiv), eine »ABS-Anpassung« (verbesserte Bremswirkung auf losem Untergrund), eine »Anfahrhilfsfunktion« (Unterstützung beim Anfahren und Schonung der Kupplung) und - in Verbindung mit Automatik - die »Gangstufenvorwahl« (unter anderem für optimale Motorbremswirkung) aktiviert.

Während der finalen Abnahmefahrt stand in Sachen Elektronik noch ein weiteres technisches Highlight an Bord des Tiguan im besonderen Fokus der Tester: die seinerzeit völlig neue Radio- und Navigationssystem-Generation. Das Topmodell der neuen Linie unter der Bezeichnung RNS 510 besitzt eine 30-Gigabyte-Festplatte zur Speicherung der Navigations- und Entertainmentdaten und lässt sich neben den klassischen Tasten und Drehreglern auch via Touchscreen für die zahlreichen Info- und Systemfunktionen steuern. Zur Hardware des RNS 510 gehört außerdem ein 6,5-Zoll-Wide-VGA-Farbdisplay mit 800 x 480 Bildpunkten und einer ausgesprochen guten Leuchtkraft. Ein Power-PC-Prozessor mit 400 MHz und ein eigener Grafikprozessor (GPU) sorgen für eine schnelle Rechnerleistung. Eingebunden werden können in das RNS 510 zudem Erweiterungen wie Telefonsteuerung und iPod.

Besonders interessant für die Abnahmefahrt in den teils unwegsamen Weiten Afrikas war die speziell entwickelte Offroad-Navigation. Denn in diesem Modus lassen sich auch in nicht digitalisierten Gebieten während der Tour bis zu 500 Wegpunkte aufnehmen. So findet der Fahrer bei Offroad-Abenteuern aus jeder Wüste oder Steppe nach dem schon in der antiken Mythologie beschriebenen Prinzip des Ariadnefadens den Weg sicher wieder zurück. Die Routen können durch manuelles Abspeichern von Wegpunkten oder auch automatisch aufgezeichnet werden. Im Bearbeitungsmodus kann der Nutzer nach Belieben die Tour modifizieren. Durch einen Blick auf die Karte im Display des RNS 510 verschafft er sich dabei die notwendige Orientierung.

All das hat auch bei der letzten Abnahmefahrt vor der Serienfreigabe offenbar tadellos funktioniert. Auf jeden Fall kann man den Tiguan heute mit genau diesen Hightech-Features ordern - und mehr Menschen als erwartet haben das bereits getan.

FRACHT & FREIZEIT

2,5 Tonnen Anhängelast! Der Tiguan setzt in seiner Klasse neue Maßstäbe.

Der Tiguan ist mit dem für Volkswagen fast schon selbstverständlichen Anspruch angetreten, die Rolle des Klassenprimus zu übernehmen. Das bedeutet nichts anderes, als dass er die Erwartungen seiner Käufer in eigentlich allen Disziplinen besser erfüllen sollte als die schon am Markt befindlichen Konkurrenten. Da spielt natürlich auf dem Sektor der robusten SUV der Gebrauchswert für Fracht und Freizeit eine besondere Rolle. Das multivariable Innenraumkonzept bietet diesbezüglich schon ideale Voraussetzungen. Aber wie steht es mit der Eignung des Tiguan als Zugfahrzeug, um mit Wohnanhänger und Motorradtrailer, mit Pferd und Boot zur aktiven Freizeitgestaltung aufzubrechen?

Ein Blick auf die einschlägige Konkurrenz mit hochtechnisch anmutenden Namen in kryptischen Buchstaben-Zahlen-Kombinationen wie X3 oder RAV4 gibt die Marschrichtung vor. Zwei Tonnen sollte der Tiguan schon an den Haken nehmen können. Das schafft er mit Leichtigkeit selbst mit dem bescheidensten 1.4-Liter-TSI, für den auch auf zwölfprozentigen Steigungen noch bis zu 2000 Kilogramm erlaubt sind. Aber es dürfen gerne noch zehn Prozent mehr sein. Das packen alle Trend & Fun sowie Sport & Style mit Zweiliter-Motorisierung, sowohl als TSI wie als TDI. Doch auch das war den Entwicklungsingenieuren des Tiguan noch nicht genug. Die neue Messlatte in dieser Klasse lautet: 2,5 Tonnen!

Richtig gelesen. So viel dürfen prinzipiell alle Tiguan 2.0 TSI und TDI mit Schaltgetriebe in der Ausstattungsvariante Track & Field ziehen. Grenzen setzt der höchstens zulässigen Anhängelast lediglich das seit einigen Jahren geltende Zugeständnis des Gesetzgebers, mit Gespannen auch schneller als Tempo 80 fahren zu dürfen. Unter bestimmten Voraussetzungen sind

WOB VA 955
TON.

Souverän auf rutschigem Terrain.
Dank Allradantrieb zieht der Tiguan selbst
dicke Fische an Land.

hierzulande nämlich auch 100 km/h erlaubt. Und zwar immer dann, wenn die zulässige Gesamtmasse des Anhängers bei bestmöglichem technischen Ausrüstungsstand mit Schlingerdämpfung und hydraulischen Stoßdämpfern in Verbindung mit Wohnanhängern das Leergewicht des Zugfahrzeugs nicht überschreitet. Bei allen anderen Anhängern liegt diese Grenze 20 Prozent höher. Wer also mit dem Tiguan samt modernem Anhänger schneller als 80 Stundenkilometer fahren will, muss bedenken, dass der Tiguan leer – je nach Motorisierung – nur zwischen 1546 und 1606 Kilogramm wiegt. Ein Touareg kommt da auf wenigstens 2238 Kilogramm.

Aber grundsätzlich knackt der Tiguan eben das Limit von 2500 Kilo Anhängelast, für das man üblicherweise weitaus schwerere und mithin teurere Modelle benötigt. Der Volkswagen Touareg darf sogar stolze 3,5 Tonnen ziehen. Wie der Touareg empfiehlt sich auch der Tiguan dabei ganz besonders als Zugfahrzeug, weil er mit Allradantrieb geliefert wird. Kein Problem also, den Bootstrailer von der rutschigen Slipanlage auf die Straße zu bugsieren oder den Pferdeanhänger von der morastigen Wiese herunterzuholen.

Die Vorzüge des Tiguan erschöpfen sich freilich nicht nur in der bloßen Fähigkeit, ungewöhnlich schwere Lasten transportieren zu können. Vielmehr haben die Ingenieure mit der Konstruktion der Anhängerkupplung selbst einen neuen Maßstab gesetzt. Dafür entwickelten sie eine mechanisch schwenkbare Anhängervorrichtung, die sich über eine Seilzugtechnik in Sekundenschnelle unter dem Stoßfänger heraus- respektive wieder einklappen lässt. Im Gegensatz zu den in diesem Fahrzeugsegment sonst üblichen abnehmbaren Anhängerkupplungen, die aus dem womöglich bereits für den Urlaub beladenen Kofferraum ganz zuunterst aus der Reserveradwanne hervorgekramt werden müssen, ist beim Tiguan alles an Ort und Stelle. Wird die Heckklappe geöffnet, erreicht man den so vor unbefugtem Zugriff und mit einer Abdeckung sauber geschützten Entriegelungs-

WOB VA 955

knopf der Mechanik. Zieht man daran, schwenkt die Anhängerkupplung unter der Stoßstange heraus und muss nur noch mit einem kleinen Schubs in Position gebracht werden, wo sie leise hörbar einrastet - fertig. Kein Gefummel mit mikroskopisch kleinen Schlüsseln zum Abschließen der Kupplung und insbesondere keine schmutzigen Finger, denn der Kugelkopf lässt sich genauso leicht wie von Hand mit einem sanften Fußtritt in der rechten Stellung fixieren. Zur Kontrolle leuchtet im Bedienknauf eine LED grün auf, sobald die Kupplung sicher eingerastet ist. Gleichzeitig steht auch schon der elektrische Anschluss bereit, denn die Steckdose zur Versorgung des Anhängers wurde im gebogenen Hals der Vorrichtung integriert. Deckel auf, Stecker rein, so einfach kann das gehen. Man muss nur drauf kommen.

Auch an einer vermeintlich nicht mehr weiter verbesserbaren Kleinigkeit wie einer Anhängerkupplung zeigt sich somit die Liebe zum Detail, mit der dieser Tiguan auf seinen großen Auftritt vorbereitet worden ist. Wobei selbstverständlich bei der zuverlässigen Funktion der Anhängevorrichtung nichts dem Zufall überlassen wurde. Also entwickelte man eigens dafür einen Prüfstand, auf dem Betätigungsdauerläufe unternommen wurden - unter Klimabedingungen zwischen 35 Grad minus und 80 Grad plus auf der Celsiusskala. 5000 Lastwechsel wurden als Ziel vorgegeben und sicher erreicht, um garantieren zu können, dass etwa der Schmierstoff für die Mechanik seinen Zweck erfüllt und Kunststoffteile wie die Seilrolle einwandfrei funktionieren.

Wir wollen an dieser Stelle nun nicht angesichts eines Produkts aus einem Weltkonzern vermeintlich deutsche Tugenden loben. Aber die Akribie, mit der offenbar jedes Einzelteil am Tiguan zur Serienreife entwickelt wurde, kennzeichnet wohl schon die Volkswagen-Unternehmenskultur. Und diese Qualität liefert vermutlich einen Schlüssel zur Erklärung der Erfolge, die der Tiguan seit seinem Serienstart feiert.

SCHWERE ANHÄNGER IM GELÄNDE. KLARER FALL FÜR DEN TIGUAN

KLEINER BRUDER TIGUAN

Wie fühlt sich eigentlich der Touareg, wenn er den grandiosen Erfolg seines kleinen Bruders Tiguan beobachtet? Ist er eifersüchtig? Denkt er, er gehöre nun zum alten Eisen? Lassen wir ihn doch einfach mal erzählen.

Tiguan, von dir hört man ja aufregende Dinge. Könnte man direkt neidisch werden. Man erzählt sich, du hättest den SUV-Markt aufgemischt wie kein Zweiter. Kommt später als seine Konkurrenten, überholt alle und fährt in seinem Segment in Deutschland so mir nichts, dir nichts an die Spitze der Neuzulassungen. So etwas nennt man wohl die Gnade der späten Geburt?

Deine Besitzer sollen regelrecht begeistert von dir sein, lieben deine kompakte Größe, dein handliches Fahrverhalten, den Komfort, die höhere Sitzposition und deine Vielseitigkeit. Kompakte SUV liegen momentan voll im Trend. Im Werk Wolfsburg müssen gar Sonderschichten am Sonntag gefahren werden, damit die Kunden nicht so lange auf dich warten müssen. Tiguan, ehrlich, mit so einem Erfolg hat doch keiner so wirklich gerechnet. Meine Hochachtung, das ist eine ziemlich coole Nummer.

Bei mir war das ähnlich, als ich einige Monate auf dem Markt war, wenn auch nicht so extrem wie bei dir. Dabei herrschte vor fünf Jahren nicht gerade ein rosiges Wirtschaftsklima. Der DAX hatte die größte Talfahrt seiner Geschichte hinter sich. Die Amis sind in den Irak einmarschiert. Die Stimmung war also alles andere als optimistisch. Für einen Autohersteller keine so günstige Bedingung, mit einem großen SUV wie mir anzutreten. Hinzu kamen die üblichen Seitenhiebe der Presse: Ich sei zu spät dran, die anderen Hersteller hätten längst den Kuchen unter sich aufgeteilt, und außerdem sähe ich zu wenig spektakulär aus. Ähnliches höre ich auch über dich. Der Tiguan? Eigentlich ein tolles Auto, nur eine etwas biedere Ausstrahlung. Typisch VW eben, haben sie geschrieben. Alles Quatsch. Deine Verkaufszahlen beweisen doch genau das Gegenteil!

WOB PR 258
WOB ST 27

Eine Nummer größer. Länger, breiter, höher, stärker, aber auch teurer. Der Touareg verheißt Luxus pur.

EINE TONNE MEHR. DER TOUAREG ZIEHT BIS ZU 3500 KILO

Klassentreffen. Touareg und Tiguan vertreten beim Design eine Linie ohne Schnickschnack und kurzlebige Showeffekte.

Auch bei mir lagen sie damals ganz schön daneben. 2003 wurden bereits 44 300 Touareg weltweit verkauft, zwei Jahre später 81 400. Bis heute haben sich über 387 000 Menschen für mich entschieden, davon fast 80 000 in Deutschland. Den Leuten gefällt mein Design nämlich prächtig. Es unterliegt wenigstens keiner kurzlebigen Mode. Schickschnack, Schnörkel und Showeffekte braucht mein Blech nicht. Klare Formen sind es, die Vertrauen schaffen. Und mit optischen Muskeln und Machogehabe muss ich nicht spielen. Ich weiß, was ich unter der Haube habe, und kenne meine Leistungen – auf der Straße und im Gelände.

Kaum ging 2003 der Verkauf so richtig los, meldete das KBA in Flensburg schon Rekordzahlen bei den Neuzulassungen. Das erste Sport Utility Vehicle von Volkswagen, und gleich ein Volltreffer. Das muss die Konkurrenten mächtig gewurmt haben. Aber die Leute erkannten schnell meine Qualitäten. Besonders der luxuriöse Innenraum und der gediegene Fahrkomfort unterscheiden mich von den anderen SUV. Ich kann dir gar nicht sagen, wie viele Vergleichstests ich in den Fachmagazinen gewonnen und wie viele Auszeichnungen ich bekommen habe. Aber bei dir geht das fast genauso los.

Zu verdanken habe ich das eigentlich alles dem »Alten«. Ja, so haben sie ihn intern genannt, den VW-Chef Dr. Ferdinand Piëch. Ein Technikgenie, wie es es nur selten gibt. Er hatte schon Ende der 1990er-Jahre das richtige Gespür für den Markt: »Baut mir ein SUV, das beides ist: harter Geländewagen und weiche Luxuslimousine«, soll er gesagt haben. Die Ingenieure bei Volkswagen kamen bei diesem technischen Spagat ziemlich ins Schwitzen. Schließlich galt, was der Piëch sagt, als Gesetz. Widerspruch zwecklos. So hieß es zumindest.

Und was der Herr Piëch unter Luxus verstand, hatte er schon zuvor im Phaeton gezeigt. Dessen Anmutung im Innenraum wurde auch auf mein Cockpit übertragen. Schau her, alles ist perfekt verarbeitet, meine Materialien sind edel und teuer. Die Insassen sollen sich schließlich wohl fühlen. Aber wenn man sich bei dir so hinter dem Lenkrad umsieht, muss ich sagen: auch nicht von schlechten Eltern. Das sieht alles sehr gediegen und qualitativ hochwertig aus. Wir teilen sogar ein paar Dinge. Das gleiche Navigationssystem zum Beispiel. Und wir haben den gleichen Zündschlüssel.

Respekt von meiner Seite auch bei deinem Raumangebot. Obwohl du mit 32 Zentimetern ein ganzes Stückchen kürzer bist, von Enge keine Spur, vorn wie hinten. Am erstaunlichsten finde ich dabei deinen Kofferraum. Liegen die Rücksitzlehnen unten, kommst du auf 1510 Liter Ladevolumen, bei mir sind es gerade mal 60 Liter mehr. Und es bereitet bei mir ein bisschen mehr Mühe, die Ladefläche herzustellen, denn man muss zusätzlich noch die Sitzkissen hochklappen sowie die Kopfstützen herausziehen. Selbst über 2,50 Meter lange Regalbretter vom Baumarkt kannst du nur schmunzeln, weil dein Beifahrersitz auch noch klappbar ist und so die ganze Fuhre trocken nach Hause kommt. Klasse auch, dass du über eine größere Zuladung als ich verfügst. Wer hätte das gedacht? Aber ich bin von Haus aus schon recht schwer. Größe wiegt eben. Dafür darf ich natürlich wesentlich mehr an den Haken nehmen, 3,5 Tonnen, das ist eine Tonne mehr als bei dir. Viele Kunden, die Boots- oder Pferdeanhänger zu ziehen haben, entscheiden sich daher für mich. Sie schätzen meine bullige Zugkraft in Verbindung mit dem geschmeidigen Automatikgetriebe.

Man hört momentan, dass große SUV nicht mehr der Hit sind und wir von Modellen deines Schlages quasi überrollt werden. Der hohe Spritpreis soll angeblich schuld sein. Manche nennen uns auch Angeberkisten oder bezeichnen uns als Klimaschädlinge. Reiner Populismus. So können nur Leute reden, die nichts kapiert haben. In 90 Prozent aller Touareg stecken effiziente und saubere Dieselmotoren. Selbst ein Rußpartikelfilter gehört zur Serienausstattung. Wer ein bisschen mit Köpfchen fährt, kommt mit Verbräuchen um zehn Liter pro 100 Kilometer bestens klar. Und dies ist für die Größe des Autos ein extrem guter Wert.

Tiguan, ich muss sagen, du bist ein kleines Technikwunder. Hast eine gute motorische Mitgift bekommen. Es heißt: Einziges SUV in seinem Segment, das ausschließlich von aufgeladenen Motoren angetrieben wird. Darunter ist sogar ein Benziner mit Turbolader und Kompressor. Das bedeutet viel Dampf aus dem Drehzahlkeller. Und obendrein bist du der erste Volkswagen, der als Diesel mit dem neu entwickelten Common-Rail-Direkteinspritzer unterwegs ist. Der moderne Vierzylinder ist so sauber, dass er bereits die strenge Euro-5-Norm erfüllt - und er verbraucht im Schnitt lediglich sieben Liter Diesel auf 100 Kilometer. Da soll noch jemand behaupten, SUV seien nicht sozialverträglich.

Ich kann mir gut vorstellen, dass du dich bei deinen kompakten Abmessungen recht wendig in der Stadt bewegen kannst. Aber da kann ich locker mithalten, mein Wendekreis ist sogar noch ein bisschen geringer als deiner. Hätte man nicht erwartet, oder? Doch zugegeben, in Parkhäusern zum Beispiel merkt man meine Größe schon. Auch in Waschstraßen ist es sinnvoll, wenn ich die Ohren anlege. Meine Fahrer

Fernweh. Tiguan und Touareg laden ein zur großen Fahrt, denn als Reiselimousinen bieten sie mustergültigen Komfort.

gewöhnen sich aber schnell an den Umgang mit mir. Dafür entschädige ich mit überragendem Fahrkomfort und leiser Geräuschkulisse. Man fühlt sich wie in einer Luxuslimousine, nur in höherer Sitzposition. Wer möchte, kann mich sogar mit einem einstellbaren Luftfederungssystem bekommen. Da kann man Sport, Auto oder Comfort wählen. Meistens belassen es die Besitzer jedoch bei der weichsten Einstellung, weil es halt am gemütlichsten ist und am bes-

Ready for Take-off. Touareg und Tiguan starten spät und landen punktgenau – auf Platz 1 in der Zulassungsstatistik.

ten zu meinem Charakter passt. Wer treibt denn schon ein SUV wie einen Sportwagen um die Kurve?

Eigentlich sehen wir uns von der Silhouette her recht ähnlich, du bist nur ein bisschen kleiner. Mein erstes Facelift habe ich auch schon hinter mir. Das war vor zwei Jahren, kurz bevor du auf den Markt kamst. Ich finde, die neuen Scheinwerfer und die Änderung am Grill stehen mir gut zu Gesicht. Ganz im Sinne des Familiendesigns. Neue Rücklichter mit schickem Nachtdesign gab's auch. So kann jeder gleich erkennen, wer ihn überholt hat. Bei dir hat man gleich zwei unterschiedliche Schnauzen vorgesehen. Gute Idee und einmalig in der Welt der SUV. Die mehr sportlich orientierte Frontpartie ist für die Ausstattungslinien »Trend & Fun« und »Sport & Style« gedacht. Die stärker auf Geländefahrten abgestimmte Front bleibt ausschließlich der Version »Track & Field« vorbehalten.

Apropos Gelände. Wie sieht's denn da bei dir aus? Den 4MOTION-Allradantrieb hast du vom Golf übernommen. Eine Supersache. Auf gerader Straße fährst du praktisch mit Frontantrieb, nur zehn Prozent der Kraft fließen nach hinten. Je nach Fahrsituation oder im Gelände kann dann die Sache anders aufgeteilt werden. In Bruchteilen einer Sekunde schickt das System die Kraft zur Hinterachse. Wer deine blitzschnelle Haldex-Kupplung erfunden hat, müsste dafür eigentlich einen technischen Nobelpreis bekommen.

Bei mir heißt das System 4XMOTION. Es funktioniert prinzipiell genauso und doch unterschiedlich, weil bei mir Motor und Getriebe in Längsrichtung eingebaut sind. Ein sperrbares Zentral- oder Mittendifferenzial mit einer elektronischen Lamellenkupplung regelt den Kraftfluss zu den Achsen. Außerdem stecken bei 4XMOTION noch eine Geländeuntersetzung und zwei Sperrdifferenziale mit drin. Ich will nicht angeben, aber du hast sicher schon gehört, dass ich diverse Male die Rallye Paris–Dakar begleitet habe, als Servicewagen für die VW Race-Touareg. Überall bin ich durchgekommen, nicht einmal die weichen Dünen konnten mich aufhalten – und ich war mit weitgehend serienmäßiger Technik unterwegs. Selbst Wassertiefen von einem halben Meter machen mir nichts aus. Motor und Innenraum bleiben trocken. Ja, ja, alle habe ich sie eines Besseren belehrt. Alle, die zuvor dachten, ich wäre nur so ein Schickimicki-Auto, ein Pseudo-Offroader in der reichen Vorstadt, mit dem Mutti ihren Nachwuchs zum Hockeytraining kutschiert oder zum Shoppen fährt. Weit gefehlt.

Aber dein Magic-Offroad-Schalter soll es auch faustdick hinter den Ohren haben, hört man. Ein Knopfdruck genügt, und ein ganzes Paket an elektronischen Hilfen ist aktiviert, wenn es in schwieriges Gelände geht. Selbst ein Bergabfahrassistent zählt dazu. Er hält dich selbstständig auf Schrittgeschwindigkeit, ohne dass dein Fahrer den Fuß auf der Bremse haben muss. Sehr cool.

Doch vermutlich ist dieser Knopf bei dir der am wenigsten gedrückte. Ich kenne zumindest keinen, der mit dem Tiguan in der Kieskuhle herumwühlt. Die meisten deiner Kumpels werden wohl nur selten Matsch und Steine im Profil haben und sich die Kotflügel schmutzig machen. Bei mir ist dies nicht anders. Aber unsere Besitzer schätzen eben dieses schöne Gefühl »Ich könnte, wenn ich wollte«. Das gibt ihnen etwas von Freiheit und Abenteuer, auch wenn es morgens zumeist nur ins Büro geht. Daher werden Sport Utility Vehicles, egal ob kompakt oder Full Size, auch in Zukunft sehr beliebt sein. Und du, Tiguan, dürftest mit deinen vielseitigen Talenten noch für Jahre an der Spitze des Segments bleiben.

D-HHRW
WOB ST 27
WOB PR 258

4X4-VW

Von der Volkswagen Allrad-Armada und den Ursprüngen bei Audi.

Äußerlich ist kaum etwas an diesem Audi 80 zu erkennen, der sich scheinbar mühelos seinen Weg durch die tief verschneite Steiermark bahnt. Passanten und andere Autofahrer müssten fast an Hexerei glauben. Gelten für die kleine Ingolstädter Limousine die physikalischen Gesetze nicht mehr? Wie kann ein Auto mit Frontantrieb derartige Schneepassagen so souverän unter die Räder nehmen?

Die drei Drahtzieher, die hinter der geheimnisvollen Aktion stecken, nicken sich anerkennend zu. Es sind junge Ingenieure: Jörg Bensinger, der Leiter des Bereichs Fahrwerkstechnik, Walter Treser als Projektleiter und Technikchef Dr. Ferdinand Piëch, der spätere Vorstandsvorsitzende und heutige Aufsichtsratchef des Volkswagenkonzerns. Ihr Audi 80 ist ein sogenannter Versuchsträger und trägt den Code-Namen »Entwicklungsauftrag 262«. Man schreibt das Jahr 1977. Unter dem Audi-Blechkleid steckt ein Allradantrieb, entliehen vom Iltis, dem ersten serienmäßigen 4x4-Fahrzeug von Volkswagen.

Wer in der automobilen Historie über allradgetriebene Volkswagen stöbert, kommt an den vier Ringen der Konzerntochter Audi nicht vorbei. Denn die Ingolstädter standen Mitte der 1970er-Jahre bei den Wolfsburgern in Lohn und Brot für die Entwicklung und den Bau eines geländegängigen Mehrzweckfahrzeugs. Auftraggeber war damals die Bundeswehr, die dringend einen Nachfolger für den Typ 181 benötigte. Dessen Vorläufer wiederum war der DKW Munga.

Ausgestattet war der Iltis mit Hinterradantrieb und zuschaltbarem Vorderradantrieb. Die Differenzialsperren vorn und hinten ließen sich ebenfalls manuell zuschalten. Zur einfacheren Bedienbarkeit und Vermeidung von Schäden

4MOTION-Allradtechnik für den Tiguan. Verspannungen im Antriebsstrang sind ausgeschlossen.

Audi Sport quattro S1 mit 476 PS Mitte der 1980er-Jahre. Röhrl/Geistdörfer gewannen damit 1985 die Rallye San Remo.

konnte der Fahrer sowohl den Allradantrieb als auch die Sperren während der Fahrt und bei jeder Geschwindigkeit einlegen. Das kantig gebaute, offene Modell verfügt über kein sonst übliches Verteilergetriebe, sondern besitzt einen im Schaltgetriebe integrierten Vorderradantrieb.

Piëch, Treser und Bensinger übernahmen die Iltis-Technik für ihren Versuchs-Audi jedoch nicht komplett. Statt des abschaltbaren Vorderradantriebs wurden beide Achsen starr miteinander verbunden. Bewusst nahm man dadurch in Kauf, dass auf trockenem Asphalt in engen Kehren Verspannungen im Antrieb auftraten. Piëch und seine Leute hatten zwei Ziele vor Augen: Ihr neuer Allradantrieb sollte permanent laufen, und er musste ohne ein separates Mitteldifferenzial samt zweiter Kardanwelle auskommen. Derartige schwere Bauteile waren in den 1970er-Jahren noch Standard.

Den Audi-Ingenieuren gelang schließlich durch den genialen Einfall einer hohl gebohrten Welle im Getriebe, die Kräfte verspannungsfrei zu den Achsen zu schicken. Die Hohlwelle ermöglichte erstmals in der Automobilgeschichte einen Allradantrieb, der leicht, kompakt und effizient im Wirkungsgrad war. Damit eignete er sich – und das war der entscheidende Durchbruch – nicht mehr nur für hochbeinige Geländewagen und Lkws, sondern auch für sportliche Pkws.

Der Iltis profitierte davon zwar nicht mehr, legte aber den Grundstein für die späteren Audi-quattro-Modelle. Dennoch konnte der Iltis im zivilen Leben beachtliche Erfolge erzielen. 1980 schafften alle vier bei der zweiten Rallye Paris-Dakar gestarteten und weitgehend serienmäßigen Exemplare mit den Plätzen 1, 2, 4 und 9 sensationelle Ergebnisse in ihrer Klasse. Das Siegerauto steht heute im Automuseum Wolfsburg.

Vier Jahre später, 1984, hielt das quattro-System von Audi Einzug in den VW Passat (B2), dem Volkswagen den Beinamen »Syncro« verpasste. Dessen Mitteltunnel wurde vergrößert, um Platz für die Kardanwelle zu schaffen. Im Heck verschwand die Reserveradmulde, die dem nach hinten gerückten Tank und der aufwendigen Hinterachse mit Träger, Schräglenkern und Differenzialaufnahme Platz machen musste. Es wurden permanent alle vier Räder angetrieben mit einer Achsverteilung von 50:50. Die Kraft wurde über ein sperrbares Mittendifferenzial nach hinten geleitet. Das Heckdifferenzial war ebenfalls sperrbar. Die Passat Syncro-Modelle gab es nur in der Variant-Version, zunächst ausschließlich in der GT-Ausstattung mit den Fünfzylindermotoren 2,0 Liter/115 PS und 2,2 Liter/120 PS, später auch in der Basisversion mit 1,8 Litern und 90 PS.

Parallel dazu dachte man bei Volkswagen darüber nach, endlich auch eine Version seines Bestsellers Golf mit Allradtechnik auszustatten. Ein wenig komplexer gestalteten sich die Arbeiten jedoch aufgrund des quer eingebauten Motors und Getriebes. 1986 schließlich debütierte der Golf II unter dem Namen »Syncro«. Da auch die dritte Generation des Passat (B3) wieder über quer eingebaute Motoren verfügte, fuhr das Mittelklassemodell ab 1988 ebenfalls mit Syncro-Technik. Stärkster Passat damals war übrigens mit 211 PS der G60, der ausschließlich mit Allradantrieb angeboten wurde.

Wohl jeder, der sich mit der Geschichte des VW Golf befasst, wird sich an den »Country« erinnern, jener hoch gelegten Förstervariante auf Basis des Golf CL syncro mit vier Türen. Mächtige Rammschutzbügel und ein außen angebrachtes Reserverad gaben dem Country-Golf eine unverwechselbare Optik. Für die sich aber nicht annähernd so viele begeistern konnten, wie erwartet. Lediglich 7735 Fahrzeuge liefen von 1990 bis 1991 vom Band.

Auch in der dritten Generation des Golf blieb es beim Syncro-Antrieb, der wiederum mit der für quer eingebaute Motoren vorgesehenen Visco-Kupplung arbeitete und damit ohne Mittendifferenzial auskam. Entwickelt wurde die Visco-Kupplung von Steyr-Daimler-Puch. Sie hatte eine mit Silikon befüllte zylindrische Zelle, in der Flügel eingebettet sind. Bei Drehzahlunterschieden zwischen Vorder- und Hinterachse drehen auch die Flügel unterschiedlich schnell und sorgen augenblicklich für Kraftschluss.

Verfeinert wurde diese Technik 1998 im Golf 4. Sein Allradantrieb hieß fortan 4MOTION. Die bei 4MOTION in das Hinterachsgetriebe integrierte Haldex-Kupplung ist eine in Öl laufende elektronisch gesteuerte Lamellenkupplung. Im Zusammenspiel mit den Fahrzeugsensoren erkennt die Kupplung jederzeit, wenn ein verstärkter Antrieb der Hinterachse Vorteile bietet und verschiebt im Bruchteil einer Sekunde mehr Drehmoment nach hinten. Größter Vorteil: Das gewohnte Fahrgefühl eines Fronttrieblers bleibt erhalten. Ein Verspannen des Antriebsstrangs beim Parken und Rangieren ist ausgeschlossen. Zudem ist die Haldex-Kupplung mit allen Fahrdynamikregelungen (ABS, EDS, ASR, EBV und ESP) ohne Einschränkungen kombinierbar. Es können bis zu 100 Prozent der Kraft an die Hinterachse geleitet werden. Dagegen werden bei Autobahnfahrten mit 140 km/h nur zirka zehn Prozent nach hinten geleitet, was ausreicht für die Fahrstabilität und hilft, den Verbrauch zu senken.

Die fahrdynamischen Vorteile ließen den 4MOTION-Antrieb sukzessive in weitere Baureihen von Volkswagen einfließen. Dazu gehören Bora/Jetta, Sharan, Passat CC und Tiguan. Bei all diesen Modellen sind Motor und Getriebe

Rallye Golf G60 syncro mit 160 PS in Genf 1989 präsentiert. Die Rennversion brachte es auf bis zu 282 PS.

vorn quer eingebaut. Auch bei den Varianten mit längs eingebauten Motoren gibt es die 4MOTION-Technik. Angeführt sei im Segment der Oberklasse der VW Phaeton. Bei ihm sorgt ein Torsen-Differenzial – der Name kombiniert Torque (Drehmoment) und Sensoring – für die Verteilung der Antriebskräfte zur Vorder- und Hinterachse. Es sitzt unmittelbar vorn am Getriebe und arbeitet im Unterschied zu der Haldex-Kupplung nicht mit Lamellen, sondern mit Schneckenrädern. Die maximale Kraftverteilung liegt bei 50:50. Module des Phaeton dienen auch als Basis für den Bentley Continental GT, den Continental GTC und den Continental Flying Spur, die ebenfalls mit 4MOTION bestückt sind.

Nur 7735-mal gebaut. Golf Country von 1990 mit 98 PS. Syncro-Allradantrieb via Visco-Kupplung.

Zeitgleich mit dem Phaeton stellte Volkswagen 2002 auch sein erstes SUV, den Touareg, vor, der gemeinsam mit Porsche entwickelt wurde und die Basis für den Cayenne und den Audi Q7 bildet. Im Touareg regelt ein sperrbares Zentraldifferenzial mit einer elektronischen Lamellenkupplung den Kraftfluss zu den Achsen. Sein permanenter Allradantrieb 4XMOTION verfügt für den harten Geländeeinsatz zusätzlich über ein zuschaltbares Reduktionsgetriebe und eine elektronische Sperre für die Hinterachse. So gerüstet, hat der Touareg selbst im schwersten Gelände keine Probleme. Nahezu serienmäßige Touareg wurden als Servicefahrzeuge bei der Rallye Paris-Dakar eingesetzt. Selbst weichen Dünensand nahm das Volkswagen-SUV souverän unter die Räder. Stecken geblieben ist kein einziges.

Doch nicht nur im Pkw-Bereich von Volkswagen konnte sich die Syncro- und schließlich die 4MOTION-Technik erfolgreich etablieren, auch auf der Nutzfahrzeugseite begann man in Wolfsburg früh mit der Entwicklung von vier angetriebenen Rädern. Der erste serienmäßige Transporter mit Allradantrieb lief 1985 als »Syncro« vom Band. Die Wurzeln dieser Idee reichen jedoch weit in die 1970er-Jahre zurück. Angeregt durch zahlreiche Sahara-Reisen des Transporter-Entwicklungschefs Gustav Mayer kam es 1978 zum Bau von fünf offiziellen Versuchsfahrzeugen mit zuschaltbarem Frontantrieb. Doch der Weg bis zur Serie war lang. Die notwendigen Umbauten gestalteten sich kompliziert. Dazu zählten der Umbau der Bodengruppe, neue Radhäuser, Durchtrieb für das Getriebe für die nach vorn führende Kardanwelle und eine modifizierte Vorderachse zur Aufnahme von Differenzial und Gelenkwellen. Beide Achsen sollten zudem Sperren erhalten. Die Kraftübertragung übernahm zunächst die Halbautomatik des Käfers mit Drehmomentwandler und Schaltkupplung.

Sämtliche Erfahrungen flossen in die Entwicklung des Nachfolgemodells T3 ein, der weiterhin von einem Boxermotor im Heck angetrieben wurde. Er erhielt jedoch statt des zuschaltbaren einen permanenten Allradantrieb mittels Visco-Kupplung.

Gebaut wurde die T3-Allrad-Variante in Graz von der Steyr-Daimler-Puch AG. Die österreichische Firma half aufgrund ihrer jahrelangen Erfahrung bereits bei der Entwicklung mit.

Der Syncro lag insgesamt 60 Millimeter höher und wog 140 Kilo mehr. Optional konnte der Kunde Differenzialsperren für beide Achsen sowie ein Schlecht-Wege-Paket ordern. Dies beinhaltete verstärkte Manschetten und Antriebswellen sowie diverse Versteifungen der Karosserie. So ausgestattet, hatte der Syncro mit einer Bodenfreiheit von 235 Millimeter, einem Böschungswinkel von 22 und einem Rampenwinkel von 24 Grad auch im rauen Terrain wenig Mühe. Insgesamt wurden, aber 45 478 Exemplare vom VW Syncro produziert.

Der Generationswechsel ab August 1990 kam einer Revolution gleich. Der T4 war eine komplette Neukonstruktion. Frontmotor und Vorderradantrieb waren für das neue Jahrzehnt das zukunftsträchtige Konzept. Die Sitzposition befand sich nun hinter der Vorderachse, und die Lenkradstellung ähnelte mehr der in einem Pkw. Aufgrund des langen Radstandes war der T4 nicht mehr so geländetauglich wie sein Vorgänger. Auch der kurze Kriechgang fehlte. Anfangs (ab 1993) war der Syncro in Verbindung mit den Fünfzylindern, ab 1996 auch mit dem VR6-Motor und dem Vierzylinder-TDI-Diesel erhältlich. Die T4-Modelle wurden nicht mehr in Graz gefertigt, sondern stammten alle aus Hannover.

Nach 13 Jahren Bauzeit ging bei Volkswagen 2003 der neue Transporter an den Start, der T5. Die fünfte Generation des VW-Transporters behielt zwar das technische Konzept des T4 bei, doch die Visco-Kupplung musste auch hier der neuen Haldex-Kupplung weichen. Analog zu den anderen Modellen hörte der Allrad-T5 jetzt ebenfalls auf den Namen 4MOTION.

Berücksichtigung sollten auch zwei weitere Allrad-Nutzfahrzeuge von Volkswagen finden, der LT und der Taro. Dem Schaltgetriebe des LT 4x4 war ein bei Bedarf untersetzbares Verteilergetriebe nachgeschaltet, welches die Kraft des Motors 1 : 1 auf die Hinter- und die zuschaltbare Vorderachse übertrug. Beim Fahren mit der Untersetzung und wahlweise gesperrten Differenzialen schaffte der LT Steigungen bis zu 45 Grad. Den Vorläufer für den VW LT 4x4 bildete dabei der vom Sülzer Fahrzeugbau aus Augsburg entwickelte Sülzer LT 4x4. Ebenfalls wurde bei Steyr-Daimler-Puch in Österreich ein Geländefahrzeug auf LT-Basis mit dem Namen Noriker gebaut.

Der Taro ist ein Pick-up, den Volkswagen als Lizenzbau des Toyota Hilux von 1989 bis 1997 fertigte. Der Pritschenlaster besaß einen zuschaltbaren Allradantrieb. Permanent wurde lediglich die Hinterachse angetrieben, bei Bedarf konnte über ein Verteilergetriebe die Vorderachse zugeschaltet werden.

So einfach und komfortabel wie heute ließ sich dies damals allerdings nicht bewerkstelligen. Mitglieder der altgedienten Allrad-Fraktion kennen sicher noch die klassische Prozedur: anhalten, aussteigen und per Hand die Freilaufnaben auf »Lock« stellen. Erst so waren die vorderen Räder wieder mit dem System verbunden. Freilaufnaben ermöglichten bei 4x4-Fahrzeugen ein verschleißärmeres Fahren und halfen, Sprit zu sparen, da die Antriebswellen für die Vorderräder nicht permanent mitliefen. Heute würde so etwas sicher »Eco-Drive« heißen.

Spektakuläre Fahrmanöver mit dem T3 Bus syncro. Permanenter Allradantrieb via Visco-Kupplung.

HYMOTION

Trip in die Zukunft. Erste Ausfahrt mit dem Tiguan des Modelljahres 2020. Elektrisch und emissionsfrei dank Wasserstoff-Brennstoffzelle.

Willkommen im Jahre 2020! Die Preise für Super und Diesel sind längst jenseits von Gut und Böse – aber es interessiert niemanden mehr. Denn während der letzten zwölf Jahre hat sich das Autofahren grundlegend verändert. Eine neue Welt ist entstanden, in der fossile Kraftstoffe zum Antrieb von Automobilen immer weniger eine Rolle spielen. Der große Wandel begann Mitte 2008. Damals wurde endgültig klar, dass der Peak-Oil – die Spitze der Erdölförderung – erreicht worden war. Gleichzeitig forderten Länder wie China und Indien ihr Recht auf Massenmobilität ein. Die Folgen: explodierende Kraftstoffpreise. Alternative Antriebe und Energien waren damit zum zentralen Thema, zum Schlüssel für die Welt von morgen geworden. Es begann mit dem Boom kleinvolumiger Turbomotoren und einem dramatischen Zuwachs an Erdgasfahrzeugen. Dann folgte der Siegeszug synthetischer Kraftstoffe und ein Durchbruch neuer Hybridsysteme wie des TwinDrive von Volkswagen. Später setzten sich in den Städten zudem rein elektrisch betriebene Autos in den Umweltzonen durch. Und auf den Strecken zwischen den Städten erobern nun – 2020 – auch Autos mit Wasserstoff-Brennstoffzelle die Kontinente.

Rückblick in den Sommer 2008: Als weltweit erstes Magazin hat die im Delius Klasing Verlag erscheinende Automobilzeitschrift »Gute Fahrt« die Möglichkeit, den mit einer Brennstoffzelle ausgerüsteten Prototypen Tiguan HyMotion auf einer Langstrecke zu fahren. Eine denkwürdige Reise, denn es ist ein Zeitsprung. Entwickelt hat den Volkswagen ein Forscherteam, 50 Leute, angetrieben von einer Vision: Automobile mit Brennstoffzellen-Systemen für die Großserie. Sie sollen besonders standfest und endlich bezahlbar sein. Und mit jedem Tag, an dem die Preise für Erdöl steigen und die Fördermengen weniger reichen, wird die Realisie-

Total in der Zukunft.
Der Tiguan HyMotion an einer der 2008 noch seltenen Wasserstoff-Zapfsäulen.

Ausblick auf die emissionsfreie Zukunft. Sören Stobbe als Beifahrer.

rung ihrer Vision dringlicher. Denn die Brennstoffzelle ist eine der Antworten auf die größte technologische Herausforderung des noch jungen Jahrhunderts: eine vom Erdöl unabhängige Mobilität.

Die Forscher haben dem Tiguan, wie zuvor auch anderen Prototypen mit Wasserstoff im Tank, bewusst die Zusatzbezeichnung »HyMotion« gegeben. Hy steht für Hydrogen, Wasserstoff; Motion heißt so viel wie Bewegung. Fortbewegung mit Wasserstoff. Ein faszinierendes Thema: Denn aus heutiger Sicht ermöglichen allein Autos im Stil des Tiguan HyMotion, deren Elektromotoren per Brennstoffzelle angetrieben werden, das völlig emissionsfreie Reisen über weite Strecken.

Wolfsburg-Berlin ohne Emissionen

Wir starten in Wolfsburg vor dem Haupttor des Volkswagen-Werkes. Unser Ziel ist das Zentrum der Republik: Berlin. Dort befindet sich eine der ersten Wasserstoff-Tankstellen Deutschlands. Vor uns liegen mehr als 200 emissionsfreie Kilometer. Mit an Bord ist Sören Stobbe. Als zuständiger Projektleiter ist der Tiguan HyMotion sein Baby. Seit zehn Jahren arbeitet der 36-jährige Ingenieur daran, Wasserstoff und Sauerstoff an Bord von Autos in Wasser zu verwandeln, dabei Strom zu erzeugen, der wiederum einen E-Motor antreibt. Jetzt ist er unser Coach auf dem Trip in die Zukunft.

»Starten Sie das System«, sagt Stobbe sehr bestimmt und klingt dabei ein wenig wie »Star Wars«-Legende Han Solo alias Harrison Ford im Kommandostand seines Raumgleiters. Und genau das ist das Gefühl an Bord des Tiguan HyMotion: Science-Fiction. Weil wir aber noch im Jahre 2008 unterwegs sind und der VW ein

Symbolträchtig. Lautlos gleitet der Tiguan HyMotion im Berliner Stadtverkehr an der Siegessäule vorbei.

Prototyp ist, nehmen wir zum Starten den guten alten Zündschlüssel. Einmal nach vorn drehen - und nichts passiert. Zumindest schnellt weder ein Drehzahlmesser hoch, noch signalisiert das Geräusch eines Motors, dass da schon Leben ist. Sören Stobbe klärt auf: »Sie können direkt losfahren, da der Elektromotor sofort per Lithium-Ionen-Batterie mit Strom versorgt wird. Die Brennstoffzelle selbst ist aktiv, sobald der Luftverdichter Sauerstoff liefert und Wasserstoff durch die Ventile einströmt. Nach drei bis fünf Sekunden ist das der Fall.« Jetzt den Schalthebel der Einstufenautomatik auf D bewegen.

Saubere Sache. Die Brennstoffzelle des Tiguan HyMotion mit einer Leistung von maximal 80 Kilowatt.

Der Drehzahlmesser links im Cockpit, der keiner ist, schnellt nach oben. Drehzahlmesser sind für Elektromotoren überflüssig. Stattdessen gewöhnen wir uns an eine Kilowatt-Anzeige (kW). Das Instrument verschafft in jeder Sekunde der Fahrt Klarheit darüber, wie viel Energie gerade abgerufen wird. Maximal 80 kW liefert die Brennstoffzelle unter der Motorhaube des Tiguan. Mit einem Tritt auf das Gaspedal schnellt die Anzeige auf 50 Kilowatt hoch und bringt den frontgetriebenen Geländewagen auf Touren. Und das geschieht fast geräuschlos. »Was Sie hören, ist nur noch der Luftverdichter«, so Stobbe. »Aber auch das verschwindet noch, weil wir den Verdichter gegen einen elektrischen Turbolader austauschen werden.« Doch das ist fast egal, da sich der Geräuschpegel bereits auf dem Niveau eines Bentley Continental befindet. Den Sound eines »echten« Motors wird 2020 jedenfalls niemand vermissen. Und selbst in Sachen Dynamik zeigt sich die Zukunft aufgeschlossen: Der bis zu 100 kW starke Elektromotor kennt keine Drehmomentschwäche; turbinengleich treibt er den Tiguan linear zur Gaspedalstellung an. Keinerlei Vibrationen sind zu spüren. In 14 Sekunden ist der HyMotion 100 km/h schnell. Maximal 140 km/h macht der 1870 Kilo schwere Prototyp. Damit wiegt er rund 280 Kilo mehr als ein vergleichbarer Serien-Tiguan – inklusive Niedrigtemperatur-Brennstoffzelle. Ihren Wasserstoff zieht sie aus einem Tank mit 2,5 Zentimeter dicken Kohlefaserwänden. 3,2 Kilo des mit 700 bar komprimierten Wasserstoffs passen in den Hightech-Tank. Ein Wasserstoffsensor im Motorraum sorgt derweil dafür, dass sich das System bei einem Leck selbst abschaltet.

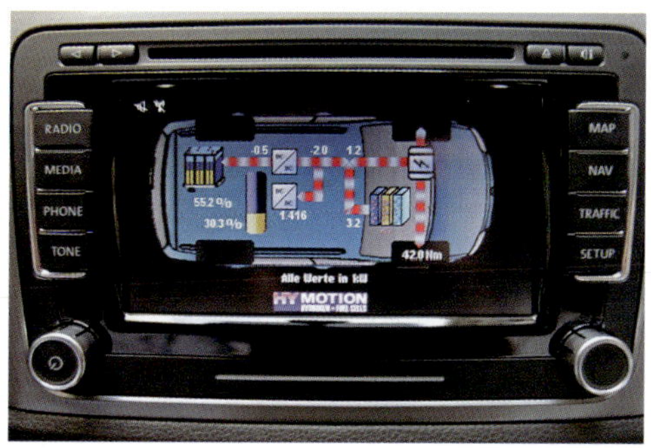

Intelligente Anwendung. Der Bildschirm des RNS 510 als Kontrollmonitor für den Wasserstoffantrieb.

Kurz vor Berlin wird Sören Stobbe immer entspannter: Es zeichnet sich ab, dass der Tiguan HyMotion weniger verbraucht als berechnet. Immerhin ist es auch für den Forscher die erste Langstreckenfahrt mit diesem Auto. Der »Gute Fahrt«-Redakteur hat dabei eine deutliche Lernkurve in Sachen E-Motor-Fahren durcheilt – dank kW-Anzeige. Am sparsamsten ist der Tiguan HyMotion im Teillastbereich unterwegs: Bei 100 km/h ruft der Motor im Schnitt zwischen 20 und 25 kW Leistung ab. Beim Bremsen fließt sogar wieder Strom in die Batterie zurück (Rekuperation). Die kW-Anzeige fällt dann unter null.

3,2 Kilo des mit 700 bar komprimierten Wasserstoffs fließen über den Hochdruckschlauch in den Tank.

Ende einer Dienstfahrt. Der Tiguan HyMotion vor dem Reichstag, Symbol für Vergangenheit – und Zukunft.

Nach 215 Kilometern biegt der Tiguan in Berlin-Spandau, Heerstraße Ecke Wilhelmstraße, auf die von Total betriebene Wasserstoff-Tankstelle. Sie wurde im Rahmen der »Clean Energy Partnership« aufgebaut – eine Allianz führender Autohersteller, Energieversorger, Stadtbetriebe und Wasserstoff-Produzenten; Volkswagen ist einer der Partner. Wenn kein Tiguan tankt, werden hier im Flottenversuch Berliner Stadtbusse mit Wasserstoff befüllt.

Hydrogen- statt Master-Card

Sören Stobbe zückt statt der Master-Card seine Hydrogen-Card und legt los. Die Zapfpistole gleicht der von Erdgassäulen, denn auch Wasserstoff ist ein Gas. Doch genau an dieser Stelle, dem selbstverständlich wirkenden Tanken und dem Surren der Zero-Emission-Busse im Hintergrund, hat die Zukunft einen Klemmer. Grund: Die Tankstelle ist eine Insellösung. Außer dem Ziel der »Clean Energy Partnership«, in den Regionen Berlin und Hamburg bis 2016 drei weitere Wasserstoff-Tankstellen aufzubauen, ist eine flächendeckende Infrastruktur nicht in Sicht.

Und das ist nicht das einzige Problem. Prof. Dr. Jürgen Leohold, Leiter der Volkswagen-Konzernforschung: »Die Kernfrage wird sein: Wo kommt der Wasserstoff her? Das wird seit nahezu 15 Jahren diskutiert; wir sind seitdem keinen Schritt weitergekommen.«

Doch die Hoffnung stirbt zuletzt: Fakt ist, dass besonders regenerativ – also aus erneuerbaren Energien wie Sonne und Wind – erzeugter Wasserstoff Sinn macht. »Schon in zwölf Jahren«, prognostizierte Hermann Albers, Präsident des Bundesverbandes Windenergie im Juli 2008, »kann jede vierte Kilowattstunde Strom aus einer Windenergieanlage gewonnen werden.« Es wäre, klar, das Jahr 2020. Die Zeit bis dahin läuft. Sie wird genutzt: Gerade werden im Volkswagen-Konzern zwei weitere Modelle mit Brennstoffzelle aufgebaut. Wie in allen anderen Fahrzeugen dieser Art werden es Niedrigtemperatur-Brennstoffzellen sein. Parallel aber arbeiten die Volkswagen-Konzernforscher längst an einer Hochtemperatur-Brennstoffzelle. Da sie deutlich wärmer werden darf, ohne zu kollabieren, können einige Bauteile wegfallen. Das wird den Preis senken, der immer noch mindestens um den Faktor 10 zu hoch ist. 1998 lag er übrigens noch um ein Vielfaches darüber! 2010 sollen erste Prototypen mit Hochtemperatur-Brennstoffzelle fahren. Bleiben noch gut zehn Jahre bis 2020. Dann beginnt die Zukunft.

HY MOTION
HYDROGEN + FUEL CELLS

DAS TRAUMPAAR

Supermodel Heidi Klum und Solosänger Seal – eine Traumehe für die Werbebotschaft des Multitalents Tiguan in unserer globalisierten Welt.

Es gehört zu den klassischen Rezepten erfolgreicher Werbung, für die Positionierung neuer Produkte prominente Protagonisten einzuspannen. Zum Serienstart des neuen Tiguan im Herbst 2007 ist Wolfsburgs Kommunikations- und Marketingstrategen dabei mit der zunächst auf drei Jahre terminierten Verpflichtung von Heidi Klum und Seal als neue Volkswagen-Markenbotschafter ein wirklich überzeugender Coup gelungen.

Für die VW-Werbung sind die Beiden schlicht ein Traumpaar: Heidi Klum, die im Fernsehkanal ProSieben für das Format »Germany's Next Topmodel« steht, vor allem aber selbst als Supermodel und »deutsches Froleinwunder« weltweit die Blicke auf sich zieht, und ihr seit 2005 angetrauter Gatte Seal, erfolgreicher britischer Solosänger mit brasilianischen und nigerianischen Wurzeln, mit dem sie zwei Kinder hat. Die Beiden treten 2007 zum ersten Mal in einer Werbekampagne gemeinsam auf – für die Marke Volkswagen, für den neuen Tiguan. Und sie stehen dabei »für die moderne Familie, sind natürlich, tolerant und weltweit präsent – all das gilt auch für Volkswagen«, so begründet Stephan Grühsem, Leiter der Konzernkommunikation von Volkswagen, die Zusammenarbeit.

Der TV-Spot beispielsweise, in dem Klum und Seal sowie zwei Tiguan die Hauptrollen spielen, dürfte vielen im Gedächtnis bleiben. Heidi steuert ihr Ziel im Tiguan auf dem Highway an, über komfortable, topfebene Hochtrassen und erzählt dabei von ihrem Mann, der immer die Ruhe weghabe. Derweil arbeitet sich Seal zum gleichen Zeitpunkt in einem wilden Ritt unter der Autobahn offroad durch den urbanen Dschungel und über brutale Schotterwege und Wasser führende Kanaldurchfahrten sehr unkonventionell dem vereinbarten Treffpunkt entgegen – natürlich auch im Tiguan, der ja in beiden Ter-

GUT DRAUF. HEIDI & SEAL

Heidi Klum und Seal, Markenbotschafter des Tiguan, beim Shooting in L. A. für die Anzeigen in Print und TV.

rains zu Hause ist. Quod erat demonstrandum - was zu beweisen war.

Der Spot bedient dabei - allerdings auf sympathisch-humorvolle Art - mancherlei Klischees, unter anderem das von »Frau, ganz sanft« und »Mann, ganz wild, wenn sie ihn lassen«. Durch den Tiguan lernt Heidi Klum zumindest im Film ihren Seal von einer neuen, ganz und gar nicht ruhigen Seite kennen. Der wiederum relativiert im Interview zum Spot die Dinge durchaus: »Männer glauben nur, sie seien die besseren Autofahrer. In Wahrheit sind es die Frauen.«

Ein Glücksfall für die Glaubwürdigkeit der Werbepartner, dass Seal dem Volkswagen-Konzern schon seit Langem verbunden ist. Es begann mit der Einführung des neuen Passat im Februar 2005 in Hamburg und setzte sich fort mit glanzvollen Auftritten auf der Detroit Auto Show 2007, der Audi R8-Präsentation in Las Vegas und einem Fotoshooting für den Audi A5. »Uns verbindet eine echte Freundschaft«, so Konzernsprecher Stephan Grühsem: »Seal hat Benzin im Blut und kennt sich mit unseren Autos im Detail aus.« Kein Wunder, wie Seal erzählt: »Meine Garage ist voll von Produkten aus dem

Oktober 2007. Seal kurz vor seinem Auftritt als wilder Offroad-Driver durch den urbanen Dschungel.

Entspannt und souverän. Heidi Klum bei den Werbeaufnahmen zum Tiguan in den Straßen von L. A.

VW-Konzern, jedes neue Modell von ihnen möchte ich am liebsten gleich Probe fahren.« Technisch ausgefeilte Autos mit sportlich anspruchsvollem Design, so etwas fasziniere ihn. »Ich habe den Jungs von VW gesagt, dass sie uns den Tiguan gleich bei mir zu Hause in Los Angeles lassen können. Ein tolles Auto: wendig, schnell und voller technischer Raffinessen«, lobt Seal das Produkt voller Überzeugung, nachdem der Werbespot mit den beiden Tiguan-Modellen im sonnigen Kalifornien abgedreht ist.

Und da auch Ehefrau Heidi Klum eine langjährige Bindung zu Volkswagen hat, lag es nahe, ein Konzept zu entwickeln, bei dem das Paar zusammen agieren kann. Jochen Sengpiehl, Marketingchef von Volkswagen, präzisiert Klums Profil. Eine Analyse habe ergeben, dass Heidi ideal zur Marke passe. Sie sei glaubwürdig, strahle Lebensfreude aus, und die Volkswagen-Fahrer könnten sich mit ihr identifizieren. In dem für Volkswagen wichtigen Markt USA sei Heidi Klum die wohl bekannteste Deutsche. Sie war zwölfmal zu Gast in der in den Staaten sehr beachteten »Jay Leno Show«, hat eine erfolgreiche eigene Fernsehsendung, mit der sie dreimal für den Emmy Award nominiert war, sie sei rundum positiv besetzt und gelte als »deutsches Froleinwunder«. Daher sollen die Beiden auch verstärkt in den USA eingesetzt werden.

Für Heidi Klum ist Volkswagen im Übrigen auch erlebte Vergangenheit, seit sie mit ihrem Vater als kleines Mädchen in den 1970er-Jahren in einem Bulli durch ihren Heimatort Bergisch-Gladbach gefahren ist. »Später sind wir dann in einem Käfer Cabriolet in die Ferien verreist«, lacht sie, »den haben wir heute noch. Seine Farbe ist einzigartig: Bernsteingold.« Sie selbst liebt den Käfer-Nachfolger, den New Beetle, von dem sie eine geschlossene Version und das Cabriolet in ihrer Wahlheimat Los Angeles in der Garage stehen habe. Mittlerweile sei die Familie jedoch so groß, sodass sie eigentlich nur noch im T5-Bus reisen würde.

Bei einer derart hohen Affinität zur Marke und dem Konzern darf man gespannt sein, für welche Aufgaben das VW-Traumpaar Heidi Klum und Seal nach dem Tiguan-Engagement noch gebucht wird.

Lichter der Großstadt. Der Tiguan anno 2007 anlässlich der Pressepräsentation vor Budapests Kettenbrücke.

STRAHLEND IM RAMPENLICHT
WOB PR 355

WOB VI 250
www.volkswagen-individual.de

GUT IN FORM

Der Tiguan R-Line: Das Extra-Paket für Sport & Style. Erstmals gezeigt auf der Essen Motor Show 2007. Verkaufsstart 2009.

LICHTBLICK TYPISCH TIGUAN

Seal: »Ich habe den Jungs gesagt, dass sie den Tiguan gleich bei mir zu Hause in L. A. lassen können.«

Bibliografische Information der Deutschen Nationalbibliothek
Die Deutsche Nationalbibliothek verzeichnet diese Publikation in der Deutschen Nationalbibliografie; detaillierte bibliografische Daten sind im Internet über http://dnb.d-nb.de abrufbar.

1. Auflage
ISBN 978-3-7688-2519-1

Projektkoordination: Barbara Poltrock
Text: Thomas Fuths, Wolfgang E. Hoffmann
Redaktion: Thorsten Elbrigmann, Edwin Baaske
Fotografie: Christian Bittmann (Seiten 112-119), Volkswagen Aktiengesellschaft
Schutzumschlaggestaltung und Layout: Jörg Weusthoff, Weusthoff Noël, Hamburg
Lithografie: Format 5, K2 Konzept, Hamburg
Druck: Kunst- und Werbedruck, Bad Oeynhausen
Printed in Germany 2008

Delius Klasing Verlag
Siekerwall 21, D-33602 Bielefeld
Tel.: +49 (0) 521/ 559-0
Fax: +49 (0) 521/ 55 9-115
E-Mail: info@delius-klasing.de
www.delius.klasing.de